国家自然科学基金科普专项资助

神奇的惯性世界

The Magic World of Inertia

主编：付梦印　参编：邓志红 许国祯

顾问组：汪顺亭 冯培德 包为民 王 巍 范跃祖 赵凯嘉

U0251062

北京理工大学出版社

BEIJING INSTITUTE OF TECHNOLOGY PRESS

图书在版编目（CIP）数据

神奇的惯性世界／付梦印主编 . —北京：北京理工大学出版社，2015. 1
ISBN 978 - 7 - 5682 - 0164 - 3

Ⅰ.①神…　Ⅱ.①付…　Ⅲ.①惯性导航 – 基本知识　Ⅳ.①TN96

中国版本图书馆 CIP 数据核字（2015）第 005350 号

出版发行／北京理工大学出版社有限责任公司

社　　　址／北京市海淀区中关村南大街 5 号

邮　　　编／100081

电　　　话／（010）68914775（总编室）

　　　　　　82562903（教材售后服务热线）

　　　　　　68948351（其他图书服务热线）

网　　　址／http：//www. bitpress. com. cn

经　　　销／全国各地新华书店

印　　　刷／保定市中画美凯印刷有限公司

开　　　本／710 毫米 × 1000 毫米　1/16

印　　　张／13. 75　　　　　　　　　　　　　责任编辑／王玲玲

字　　　数／212 千字　　　　　　　　　　　　文案编辑／王玲玲

版　　　次／2015 年 1 月第 1 版　2015 年 1 月第 1 次印刷　　责任校对／周瑞红

定　　　价／36. 00 元　　　　　　　　　　　　责任印制／王美丽

Foreword 前言

　　你知道"天宫一号"与"神舟八号"飞船是如何实现精准对接的吗？你知道核潜艇在茫茫大海深处是如何不迷路的吗？你知道导弹是如何有如神助般精确打击目标的吗？这一切都是因为惯性技术的存在！

　　惯性技术无处不在，它广泛存在于陆、海、空、天所有运动体存在的领域。为了普及拓展惯性技术知识，编者经过几年的努力，在编委会及顾问组的大力支持下，广泛搜集素材进行加工整理。本书的出版得到了本领域各专业院所的大力支持，同时得到了国家自然科学基金科普专项（61220001）的支持。本书力求集知识性、趣味性、前沿性和系统性于一身，全面展示惯性技术在人类探索世界过程中所发挥的伟大作用，引导广大读者了解并关注惯性技术，享受惯性世界无穷无尽的乐趣。

　　本书主编付梦印教授一直从事导航、制导与控制领域的教学、科研和人才培养工作，负责中国惯性技术学会科普传播及继续教育工作，并主持建设了国内第一个惯性技术科普展厅。在完成这些工作的过程中，真切地感受到人们对惯性技术、科学技术普及与推广的迫切需求，拜读了本领域前辈的科普著作，如丁衡高先生的《海陆空天显神威——惯性技术纵横谈》、黄德鸣先生的《神奇的指路魔杖》等，深受启发，遂组织编写本书。

　　在本书编写过程中，汪顺亭院士、冯培德院士、包为民院士、王巍院士、范跃祖教授、赵凯嘉研究员提供了热心的帮助并提出了宝贵的建议，在此表示衷心的谢意。同时，编者在此向所参考文献的作者表示由衷的感谢！

惯性技术涉及的知识面广、领域宽、服务对象类型丰富，本书难免会有分析、阐述不准确的地方，恳请广大读者批评指正。

感谢中国惯性技术学会、感谢国家自然科学基金委对本书出版的支持！

编　者

2014 年 10 月

CONTENTS 目录

神奇的惯性世界

第 1 章　源远流长的惯性技术

🌀 1.1　惯性技术的由来

1.1.1　奇妙的惯性力

300 多年前，英国大科学家牛顿提出了著名的"力学三大定律"，奠定了经典力学的基础。

牛顿第一定律就是关于惯性的定律，即世上万物在无外力作用时，静者恒静，动者恒动。牛顿将物体的这种总是保持自身原来状态的性质称为"惯性"。

任何物体都有惯性，所以就有了惯性力。这种惯性力只有在物体运动状态改变时，才会表现出来，这就是牛顿第二定律的解释，即

$$F = ma$$

式中，F 为惯性力；m 为物体质量；a 为运动加速度。

也就是说，物体的质量和加速度是产生牛顿惯性力的充分必要条件。

物体的惯性在任何时候（受外力或不受外力作用）、任何情况（静止或运动）下都不会改变，更不会消失，也即惯性力是客观存在的，如乘坐电梯上升时，自己的脚好像在用力踩着电梯的地板。事实上，这不是乘客自己在对地板用力，而是惯性力作用在人体上，它企图使乘客停留在原地不动（图 1.1）。

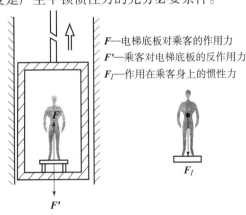

F—电梯底板对乘客的作用力
F'—乘客对电梯底板的反作用力
F_I—作用在乘客身上的惯性力

图 1.1　电梯上升时乘客承受的惯性力

1.1.2 从陀螺到惯性导航系统

陀螺的神奇现象，在上古时代就被人类所认识。在孩子们和纺线老奶奶们的手里，陀螺不知旋转了多少个春秋（图1.2）。

（a）   （b）

图1.2 日常生活中的陀螺现象

（a）小孩抽玩具陀螺（图片来源：http://www.5time.cn/show.php?/tid=2611）；

（b）老奶奶纺线图

几个世纪以来，经过无数科学家的研究，人们对陀螺原理有了深刻的了解。原来，一个物体旋转起来后，它的旋转轴在一个静止的空间（惯性空间）里能够保持方向不变，这就是陀螺的定轴性。而且，物体旋转的速度越快，保持方向稳定的能力越强。在图1.3中，蹬自行车的速度越快，自行车越稳，也就是车轮的定轴性越强。这也是杂技演员骑自行车走钢丝不会摔下来的原因。

图1.3 旋转的自行车车轮具有定轴性

1905 年，世界上首台利用陀螺原理做成的、可供实际使用的陀螺罗经诞生，并被应用到铁壳舰船上指示方向。与此同时，另一种利用摆的原理、测量运动物体加速度的仪表——加速度计也诞生了。陀螺和加速度计的理论基础都是牛顿力学原理，这两类仪表被统称为惯性仪表（惯性器件），利用惯性仪表测量值进行测量推算的导航被称为惯性导航。

1.1.3 惯性技术的两条基准线

在惯性技术中，单纯依靠陀螺仪和加速度计的输出还不能真正实现导航。尤其是对地球附近的运载体，对其进行导航还要和我们居住的地球发生千丝万缕的联系，即地球为惯性导航提供了两条基准线——真北和垂线。

真实的地球不是一个规则的球体，地球内部是熔岩，地球表面上有山脉、河流、陆地、海洋，形成了高低起伏、形状复杂、不规则的物理实体。同时，由于自转的影响，地球呈扁圆状，沿赤道的方向突出，南极稍微凹入，形状似梨（图1.4）。地球表面是一个不规则的曲面，在实际导航问题中不能按照这个真实表面来确定地球的形状和建立地球的模型，通常用大地水准体、圆球和参考旋转椭球体三种模型来描述地球的形状。图1.5 为地球的参考旋转椭球体的模型描述。

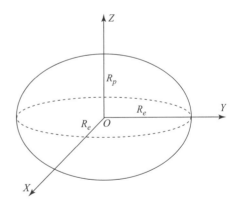

图1.4　真实的地球　　　　图1.5　地球的参考旋转椭球体

（图片来源：http://tupian.baike.com/a0_87_20_
01300000261651123606205608416_jpg.html）

地球作为太阳系中的行星之一，在绕太阳公转的同时，还绕自身的地轴自转，这就形成了在地球上居住的我们所感受到的白天和黑夜的交替以及一年四季的变化。地球一天自转一周，一年绕太阳公转一周，因此，地球相对惯性坐标系的转动角速度为 15.041 1 度/小时，一般用 $\boldsymbol{\omega}_{ie}$ 来表示（图 1.6）。为利用惯性特性实现导航，必须先确定一个公认的方向基准——真北。所谓真北，就是测量者所在的子午面与当地水平面的交线，其方向指向地理北极的方向，称为真北方向，用地球自转角速度的北向水平分量 $\boldsymbol{\omega}_{ie}\cos\varphi$（$\varphi$ 为当地纬度）来表示。真北是确定运载体方向的基准，只要设法找到 $\boldsymbol{\omega}_{ie}\cos\varphi$ 的方向，就可以确定运载体的方向。由于地球自转角速度是一个不受人为因素干扰的常值，这一信息资源是全人类所共有的，因此，真北是惯性技术中一条重要的基准线。

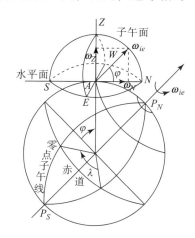

图 1.6 地球自转角速度分解图

与地球形状直接相关的是地球的重力场特性。假如地球是一个匀质球体，悬浮在空中且不旋转，则地球表面各点的引力都相等。但是对于实际的地球来说，由于地球形状的不规则，且受地球自身旋转运动的影响，使得地球表面单位质量的物体除了受地心引力 $\boldsymbol{J}$ 外，还受地球自转带来的离心力 $\boldsymbol{F}$ 的作用（图 1.7），重力 $\boldsymbol{G}$ 是地心引力 $\boldsymbol{J}$ 和离心力 $\boldsymbol{F}$ 的合力，即

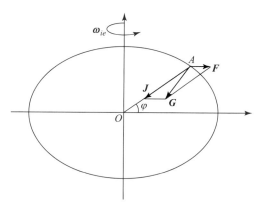

图 1.7 地球重力场示意图

$$G = J + F$$

其中，$\boldsymbol{F} = -m\boldsymbol{\omega}_{ie}\times(\boldsymbol{\omega}_{ie}\times\boldsymbol{r})$，$\boldsymbol{\omega}_{ie}$ 为地球自转角速度向量；m 为物体的质量；$\boldsymbol{r}$ 为地心到物体所在点的位置向量。可见，重力 $\boldsymbol{G}$ 的方向不是指向地心的。

单位质量的物体在重力场的作用下所获得的加速度称为重力加速度，通常用符号 $\boldsymbol{g}$ 来表示，重力加速度 $\boldsymbol{g}$ 是重力的大小和方向的一种表征，用公式表示为

$$g = G_e - \omega_{ie} \times (\omega_{ie} \times r)$$

式中，G_e 为地球的引力加速度。

1.2 惯性技术的历史足迹

1.2.1 我国古代的导航技术

• 指南针

指南针是古代航海、行军中不可缺少的，简单而古老的指示方向的仪器，是我国古代四大发明之一。在战国时期，人们用天然磁铁研磨成针的形状，这种装置称为"司南"（图 1.8（a）），这就是指南针的原型。图 1.8（b）为三国时期司马钧创造的指南车，车上有一小人，其手指方向即为南方。利用磁石的天然特性，指南针可以自动指北和寻北，从而为运动物体提供辨别方向的基准。由于依赖于磁场的特性工作，在磁暴、磁异常和强电磁场附近，指南针将会失灵。

（a）   （b）

图 1.8 指南针和指南车

（a）古代我国指南针——"司南"（图片来源：http://baike.baidu.com/subview/100626/5127326.htm）；

（b）我国古代的指南车（图片来源：http://www.c-c.com/ctrl/pic-18627993.html）

• 牵星过洋术

1 500 多年前，我国东晋有个法显和尚，他提出了一种可以在茫茫大海中为船只导航的方法，即"牵星过洋术"。明朝永乐年间，大航海家郑和七次下西洋（图 1.9（a）），一直采用的就是这种古老的天文导航方法。具体来说，就是使用简单的测角仪，测量从水平线到星体的仰角，从而来为船队定位。星体在天上好比灯塔，如能分别测出两座灯塔的基点（这种基点称为"星下点"——星体与地心的连线和地球表面上的交点）与航船的距离，就能得到航船的大致方向和位置（图1.9（b））。但测星定位受天气影响很大，看不见星体时就无法使用。

（a）

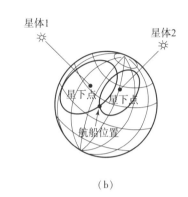
（b）

图1.9 郑和下西洋航海图和测星定位
（a）郑和下西洋航海图；（b）测星定位基本原理

- 记里鼓车

记里鼓车是我国古代一种能自报行车里数的车辆，这种记里鼓车利用汉代鼓车改装而成，车中装有传动齿轮和凸轮杠杆等机械，车行一里[①]，车上木人受凸轮的牵动，由绳索拉动木人右臂击鼓（图1.10（a））。古代军队每行进一里路，记里鼓车上的小人就会击鼓一次，记下击鼓的次数，也就知道了前进的里程。据考证，记里鼓车是东汉以后出现的，当时仅用作帝王出行时的仪仗（图1.10（b））。

现在出租车上用的计价器实际上就是记里鼓车的延伸和改进，只不过计价器不是靠击鼓，而是通过"蹦字"来记录行驶里程。

- 候风地动仪

我国东汉著名科学家张衡成功创造了能观测地震的仪器——候风地动仪（图1.11）。这种装置内底中央竖有一根立柱，即倒立的惯性震摆。利用惯性

---

① 1里=500米。

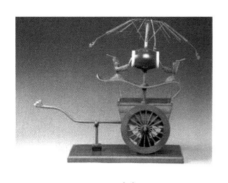 

（a）　　　　　　　　　　　　　　　　　　（b）

图 1.10　记里鼓车

（a）记里鼓车复原模型（图片来源：http://tupian. baike. com/a0_ 09_ 02_ 01200000012881116100248625309_ jpg. html）；（b）汉代孝堂山画像石中的鼓车图（图片来源：http://tupian. baike. com/a4_ 03_ 27_ 01300000247011124296271644157_ jpg. html）

原理，当立柱感受到地震时，会失稳倒下，成为地震敏感器。候风地动仪是我国古代乃至世界早期利用垂直倒立摆惯性原理的极好例证，它比欧洲地震仪出现的时间早了 1 500 年，它体现了中国古代劳动人民的勤劳和智慧。在首都机场 3 号航站楼大厅内，可以看到这种装置的一个仿造艺术品。

图 1.11　候风地动仪复原图

（图片来源：http://baike. baidu. com/view/140440. htm）

● 镂空银熏球

公元前 140 年，西汉大辞赋家司马相如在其所作的《美人赋》中，首次提到了供皇宫贵族用的卧褥香炉，这是一种基于平衡环原理工作的装置，而平衡环是现代机械转子式陀螺的基础。到了唐代，人们制作成功了镂空银熏球。它是一种更为精美的平衡装置，其内部结构如图 1.12（a）所示。其中，香炉被放在一个镂空的球内，并用两个圆环架起来，利用互相垂直的转轴和香炉本身的质量，使之"环转四周而炉体常平，可置被褥中"。图 1.12（b）为清代制作的一种镂空银熏球。

（a）

（b）

图 1.12　镂空银熏球

（a）镂空银熏球的内部结构（图片来源：http://www.gucn.com/Service_ CurioStall_ Show. asp？ID = 6971216）；（b）清代的镂空银熏球

平衡环结构随着科学技术的发展有很多重要的作用。真正把平衡环用在现代科学上，并做出重要贡献的是法国人傅科。他在 1851 年提出利用高速旋转的陀螺来显示地球的自转。高速旋转的陀螺有保持旋转轴指向不变的性质。如果把陀螺放置在万向支架上，支架在地球上，地球旋转而陀螺的轴不旋转。经过不长的时间，陀螺相对于支架的变动就明显地说明地球的自转。傅科利用他发明的傅科摆和这种陀螺仪雄辩地证明了地球的自转。自此，万向支架（平衡环）又有了一个新的名字——陀螺支架。

1.2.2　从牛顿三大定律到北极冰下航行

1687 年，伟大的英国科学家牛顿（Isaac Newton）在其出版的著作《自然哲学的数学原理》中，提出了三大运动定律，为惯性导航技术奠定了理论基础。

1852 年，法国物理学家傅科（J. Foucault）首次提出了陀螺的定义、原理及应用设想，并制造了最早的傅科陀螺仪。

1908—1909 年，德国的安休茨（H. Anschutz）和美国的斯佩里（Sperry）先后研制成功了陀螺罗经并用于舰船的导航，是陀螺仪技术形成和发展的开端。

1923 年，德国科学家舒勒（Schuler）提出了"舒勒调谐原理"，它为惯性导航系统的发展奠定了重要的理论基础。

20 世纪 20—30 年代，陀螺转弯仪、陀螺地平仪和陀螺方向仪作为指示仪表相继在飞机上使用。

第二次世界大战期间，1942 年，德裔火箭专家冯·布劳恩将惯性装置首次用于纳粹德国的 V-2 导弹，该导弹上安装有导引陀螺仪，这是惯性制导技术在火箭和导弹上的开创性应用。1946 年，美国海军实验室发射了一枚 V-2 火箭，射到数百千米高空，用来观测来自太阳的紫外线，这也是 V-2 火箭第一次应用于太空研究，从此开启了太空科学的新篇。此外，V-2 火箭亦用来当作载人飞行试验载具，并搭载过猴子一类的小动物升空。

自 20 世纪 50 年代始，美国麻省理工学院仪表实验室在德雷珀（Charles Stark Draper）博士的领导下，研制成功了惯性级精度的液浮陀螺仪。1953 年，德雷珀博士牵头研制的惯导系统在飞机上试飞成功，证实了纯惯性导航在飞机上应用的技术可行性。我国惯性技术专家陆元九院士就是德雷珀教授的首批博士生。

1958 年，美国"鹦鹉螺号"核潜艇完成了依靠惯性导航系统冰下穿越北极的壮举，表明惯性导航技术趋于成熟。

1.2.3　从平台式惯性导航系统到惯性组合导航

由于惯性导航技术全天候、不受电磁干扰、完全自主的特点，引起了科学家们对惯性技术研究和开发应用的极大兴趣。

自 20 世纪 60 年代起，出现了挠性陀螺和动力调谐陀螺，同时，平台式惯性导航系统技术发展迅速，并大量装备于各种飞机、舰船、导弹和航天飞行器。

1964 年，美国率先研制成功静电陀螺仪。自 20 世纪 70 年代中后期起，采用静电陀螺的监控器和高精度平台式惯性导航系统被成功应用于核潜艇、战略轰炸机以及航天飞机中。

20 世纪 60 年代末至 70 年代初，微型计算机技术被引入惯性导航系统，开始出现以数学平台代替实体物理平台的捷联式惯性导航系统。

1963 年，环形激光陀螺问世。20 年后，激光陀螺技术获得重大突破，精度达到惯性级并成为捷联式惯性导航系统的理想元件，陀螺技术开始迈进光学陀螺的新阶段。

1976 年，美国首先研制出光纤陀螺试验装置。20 世纪 80 年代中期，干涉型光纤陀螺仪研制成功。

激光陀螺和光纤陀螺开辟了光学陀螺导航时代的新纪元，成为惯性导航技术发展史上的重要里程碑。

20 世纪 80 年代中期，基于哥氏效应原理的微机械陀螺崭露头角，低成本微机械陀螺的研制成功是 MEMS 技术中一项具有代表性的重大成果，它使得惯性系统的应用领域大为扩展，尤其加速了战术武器制导化的进程。

20 世纪 90 年代初，美国的全球定位系统（GPS）进入实用，带动了惯性/GPS 组合导航与制导技术的飞速发展。以惯性技术为基础的组合导航是导航技术的研究重点，并将进一步向多传感器融合的方向发展，在军事和民用领域具有广阔应用前景。

1.3 惯性技术应用史上的重大历史事件

1.3.1 第二次世界大战期间德国 V－2 导弹袭击英国

第二次世界大战期间，以德国火箭专家冯·布劳恩为首的研究小组研制出了 V－2 导弹，这是一种无人驾驶的、依靠惯性制导的弹道导弹。

1944 年 9 月 8 日傍晚，伦敦市区传出一声巨响，世界上真正投入战争的第一枚弹道导弹 V－2 爆炸了！仅这一天内，希特勒就向伦敦发射了数百枚 V－2 导弹。据统计，从 1944 年 9 月 8 日到 1945 年 3 月 27 日，德军在短短 7 个月中对英国共发射了 1 402 枚导弹，其中 1 054 枚落到了英国本土，348 枚落到了大海里。其中，占总发射量 37%，共计 517 枚导弹打到了伦敦。V－2 导弹的射程只有 320 千米，弹着点误差达 5 千米，理论误差相当于射程的 1.56%。

为什么 V－2 导弹能够飞越被英国人称为"天险"的英吉利海峡，直达英国首都伦敦呢？原来，V－2 导弹上装备了一套惯性制导系统，如图 1.13 所示。从构成看，V－2 导弹采用的是最简单的捷联惯性制导系统，该系统由 2

个二自由度陀螺仪和 1 个摆式积分陀螺加速度计组成。这两个陀螺仪一个用来控制偏航角，一个用来控制俯仰角。陀螺仪在发射前被启动，其敏感轴被调整到对准目标的方向。因此，陀螺仪的主轴就成为导弹飞行过程中的方向基准，而导弹的飞行速度则通过与导弹轴线平行安装的加速度计测出。待导弹达到预定速度后，便自动终止发动机的推力。通过采取这种自主式惯性制导，保证了导弹主动段的飞行姿态，从而使导弹能按照预定要求击中目标。

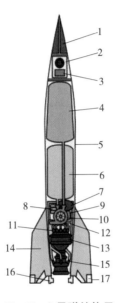

图 1.13　V - 2 导弹结构示意图

1—弹头；2—导引陀螺仪；3—导引波束及无线电指令接收器；4—酒精水溶液；

5—弹体；6—液态氧；7—过氧化氢；8—高压氮气钢瓶；9—过氧化氢反应室；

10—涡轮推进帮浦；11—酒精/氧气燃烧器盖；12—推力架；13—火箭燃烧室

（外壳）；14—尾翼；15—酒精输入管；16—燃气舵；17—空气舵

（图片来源：http：//baike. sogou. com/v396062. htm？ syn =

V2％E7％81％ AB％ E7％ AE％ AD）

V - 2 导弹上的惯性系统是世界上第一套实用的惯性制导系统（图 1.14），也是捷联式惯性制导系统的雏形，该装置的直径为 20 英寸①，质量为 100 磅②。尽

_____

① 　1 英寸 = 2.54 厘米。

② 　1 磅 = 0.453 6 千克。

管它的精度还很低，但却被视为惯性技术发展史上的一个里程碑。

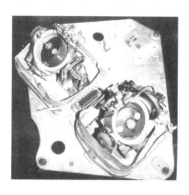

图 1.14　V－2 导弹制导系统中的两个陀螺仪

1.3.2　1953 年首次横贯美国大陆的纯惯性导航飞行

将惯性导航系统应用到飞机上的开拓者是美国麻省理工学院（MIT）的德雷珀教授，他是一位业余的飞机驾驶员，根据自己驾驶飞机的切身感受，他于 20 世纪 30 年代即提出了纯惯性导航的大胆设想。但直到 20 世纪 50 年代，仍然有人怀疑在飞机上采用纯惯性导航的现实性，如当时美国空军的政策就不允许发展惯性导航系统。

在空军朋友的帮助下，德雷珀教授争取到了一个轰炸机导航系统的研究项目。在一架装备有陀螺、加速度计、雷达以及一台计算机的 B－29 轰炸机上，德雷珀领导的小组完成了空军所要求的对目标实行定位、瞄准、击中等一系列的预定任务。1953 年，一项来自空军的、称为"斯比尔"（Spire）的纯惯性导航飞行计划终于交给了德雷珀实验室。在"斯比尔"惯性导航系统（图 1.15）的导引下，经长达 13 小时的横贯美国大陆的连续飞行后，飞机的位置误差约为 10 海里[①]，从而证实了纯惯性导航系统在飞机上应用的技术可行性。

1958 年，在对原来惯性导航系统进行了一系列改进后，德雷珀又用它做了一次盛况空前的横贯美洲大陆的纯惯性导航飞行，当时的美国电视公司特意为这次飞行制作了题为"征服者"的专题电视节目。这次飞行的成功使得那些对纯惯性导航持怀疑态度的人改变了观点，也为飞机惯性导航技术的发展奠定了基础。

―――――――――――

①　1 海里 = 1.852 千米。

图 1.15　世界上第一套机械陀螺惯性装置"斯比尔"

　　1960 年，世界上第一套飞机惯性导航系统（LN-3）出厂（图 1.16），但当时，美国空军出于谨慎的考虑，把它安装在西德空军的一架 F-104 军用飞机上，试飞结果令人非常满意。自此，美国和西方发达国家的空军开始在各类军用机上装备惯性导航系统。如今，惯性导航系统几乎被装备在所有的军用飞机上，它已成为军用飞机上的一个中心信息源。

图 1.16　去掉外罩后的 LN-3 惯性导航系统

1.3.3　1958 年美国核潜艇北极冰下探险成功

　　1958 年 7 月 23 日，美国第一艘装备有惯性导航系统的试验型核动力潜艇"鹦鹉螺号"（军用编号为 SSN-571，图 1.17）从夏威夷珍珠港出发，开始了名为"以核动力前进"的北极之旅。8 月 3 日，"鹦鹉螺号"抵达北极，成为世界上第一艘从太平洋驶入大西洋并抵达北极点的船只。然后，"鹦鹉螺号"又从北极点开始，继续在冰下航行 96 小时，行程 1 830 海里，在格陵兰外海浮出水面时，艇位误差仅为 20 海里，取得了令世界震惊的成功。

图 1.17 "鹦鹉螺号"核潜艇

(图片来源：http://news. china. com. cn/rollnews/2012 - 06/27/content_4857258_3. htm)

"鲼鱼号"是"鹦鹉螺号"的生产型，是美国海军第一代攻击型核潜艇的首艇，它担负了很多开创性的任务，如在同一年完成了潜艇历史上第一次水下横渡大西洋的航行，创造了水下续航 31 天的纪录，并于 8 月 11 日再次从冰下通过北极点。完成此次冰下导航任务的关键是潜艇上安装了 N6 - A 型惯性导航系统，以及一套 MK - 19 型平台罗经。

核动力装置的应用，使得潜艇摆脱了必须上浮到水面以便给蓄电池重新充电的制约，这样，核潜艇的导航能力就成为限制潜艇潜航能力的主要障碍。众所周知，海底的地形与陆地一样，十分复杂，特别是到极点时，强大的磁场使普通仪表完全不能正常工作。但这艘艇依靠自身携带的惯性导航系统，顺利通过了极点，进入了西半球，然后又经历了一段时间的水下潜行，最后到达目的地。这次行程绕了半个地球，而且是在如此复杂的水下条件航行，这足以证明惯性导航系统的能力，说明当时的惯性导航系统已达到了很高的精度。

1.3.4　1969 年"阿波罗 11 号"使人类首次登上月球

"阿波罗"载人登月计划由美国肯尼迪总统在 1961 年 5 月 25 日向国会提

出并开始实施，至 1972 年 12 月结束，历时约 11 年，耗资 255 亿美元。2009
年是人类成功登月 40 周年。在整个登月计划实施过程中，人类共进行了 16
次登月飞行：

◇ 2 次无人亚轨道飞行；

◇ 5 次无人地球轨道飞行；

◇ 2 次载人月球轨道飞行；

◇ 7 次载人登月飞行，其中 5 次成功登月。

在 16 次飞行中，"阿波罗 11 号"宇宙飞船为首次载人登月飞行，并且一
举成功。在 5 次成功的登月飞行中，共有 12 名美国宇航员先后踏上了月球。

1969 年 7 月 16 日，"阿波罗 11 号"飞船由"土星 5 号"运载火箭发射升
空，大约经过 4 天 4 小时的飞行，登月舱在月球静海地区着陆。7 月 21 日格林
尼治时间 3 时 51 分，指令长阿姆斯特朗首先走出舱门；4 时 07 分，他的左脚小
心翼翼地触及月面，这是人类留在月球上的第一个脚印（图 1.18）。正如阿姆
斯特朗事后所说："这是个人迈出的一小步，但却是人类迈出的一大步！"

图 1.18 "阿波罗 11 号"宇宙飞船成功登陆月球

（图片来源：http://tupian. baike. com/a2_ 01_ 80_ 013000000135061194178018381 10_ jpg. html）

在载人飞船的整个飞行过程中，有以下一系列任务需要完成：飞船入轨、

飞船与火箭分离、飞船变轨、环月飞行、登月舱与轨道飞船分离、月面着陆、登月舱与轨道飞船对接、返回地球轨道、通过大气层溅落地球预定水面。这期间的每一步任务必须依赖精确的飞行控制和姿态控制来进行，而由惯性导航系统提供的飞船位置、速度、航向、姿态等飞行器运动信息，就是向控制系统的执行机构所发出的一系列控制指令的基础。为此，在飞船上装备有 3 套惯性导航系统（图 1.19），即指挥舱和登月舱各安装一套平台式惯性测量装置，登月舱还另外装备一套应急的捷联式惯性导航系统。同时，"土星 5 号"运载火箭也采用了惯性制导系统。

（a）　　　　　　　　　　　　　　　（b）

图 1.19　"阿波罗"飞船中的惯性导航系统

（a）正视照片；（b）侧视照片

1.3.5　1970 年"阿波罗 13 号"脱险记

1970 年 4 月 11 日，"阿波罗 13 号"宇宙飞船从美国西部卡纳维拉尔角发射基地升入太空，它是乘着"阿波罗 11 号"和"阿波罗 12 号"两次成功登月的余兴，顺利飞向月球的。13 日晚，在飞船飞行了近 56 个小时之际，"砰"的一声巨响让三位宇航员惊呆了，原来是服务舱 2 号液氧箱发生了爆炸！被炸破了一个大洞的服务舱在不停地漏气，电力供应也中断了！由于漏气产生的推力还使飞船失去稳定而翻滚起来。所幸的是，通信设备完好无损，与地球的联络一直未曾中断。

这时，飞船距离月球只有 56 000 千米，但登月计划显然已成泡影。而由于月球对飞船的强大引力，立即返航也不可能。怎么办？他们在焦急等待着地面指挥中心的答复。地面指挥中心认为，如能充分利用登月舱中的电源、动力和氧气，使宇航员重返地球可能还有一线希望。

登月舱中应急惯性导航系统原来的任务是在完成登月任务后，保证登月舱与仍处在绕月轨道上运行的指挥舱进行对接。在服务舱电源损失而取消登月计划后，地面中心决定，由这套应急惯性导航系统来承担以下特殊任务，即要在由月球返回地球的飞行过程中，解算"阿波罗"飞船的姿态角，以及控制发动机的推力矢量。

登月舱中有两台惯性测量装置，而应急的捷联式惯性导航系统最省电，也最可靠，因此，启动应急捷联式惯性导航系统是当时最佳的选择。在飞船接近月球时，应急惯性导航装置开始工作；距月球 217.6 千米时，地面中心向宇航员下令："启动登月舱下降发动机。"由于宇航员准确执行命令，登月舱下降发动机工作了 30.7 秒后，飞船首次变轨成功。以后又进行了一系列的操纵和调整，飞船渐渐地接近地球，在距离地球 18 020 千米时，地面中心下令抛弃登月舱，此时三位宇航员已在指挥舱内各就各位。经过千难万险，"阿波罗 13 号"宇宙飞船终于在 4 月 17 日穿过大气层，安全降落在太平洋的万顷波涛之中。虽然"阿波罗 13 号"登月失败了，但它成功地脱险并返回了地球，对此，登月舱中的应急捷联式惯性导航系统功不可没！图 1.20 给出了"阿波罗 13 号"飞船原计划的飞行轨迹（图 1.20（a））及脱险的过程（图 1.20（b））。

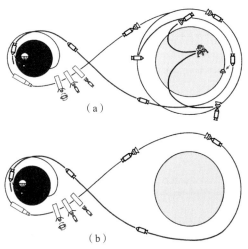

图 1.20　"阿波罗 13 号"飞船原计划的飞行轨迹

（a）原计划飞行轨迹；（b）脱险过程

1.3.6　1982 年英阿马岛之战

1982 年 4 月 2 日到 6 月 14 日，英国同阿根廷在远离英国本土的马尔维纳斯群岛及其周围的海空区域进行了一场海空战。虽然战争历时仅 74 天，交战双方只使用了部分兵力，战区面积也仅为 1 200 平方千米，但它却是现代海空战的一个缩影：自从进入精确制导武器时代以来，这场战争是导弹的第一次大规模应用。也正是在这场导弹对抗中，惯性导航系统立下了赫赫战功，那就是由阿根廷海军的一架"超军旗"舰载攻击机（图 1.21）发射的一枚"飞鱼"导弹一举击沉了英国海军的"谢菲尔德号"导弹驱逐舰！

图 1.21　"超军旗"舰载攻击机正携带"飞鱼"空－舰导弹进行训练飞行

（图片来源：http://www.defence.org.cn/Article－11－17138.html）

那是 1982 年 5 月 4 日，南大西洋海面上风大浪高，阿海军一架"超军旗"舰载攻击机从离英舰约 300 千米远的阿根廷"5 月 25 日号"航空母舰上起飞。该机以低空飞行，从英舰"谢菲尔德号"雷达盲区接近敌人，而当接近英舰时，突然急跃升空，飞机直刺蓝天。接着，飞机又迅速降低高度，在距英舰 30 多千米处发射了一枚价值 20 万美元的法制"飞鱼"空－舰导弹。随着一声巨响，价值 1.8 亿美元的"谢菲尔德号"现代化导弹驱逐舰立刻被熊熊大火所吞噬（图 1.22），并渐渐地沉没下去，这是空射反舰导弹的第一个实战战果。

"飞鱼"导弹击沉英舰的价值，不仅在于给英国带来了数亿英镑的损失，更为重要的是，它显示了精确制导武器将使未来海战或空战模式发生深刻变化：

● 阿根廷的"超军旗"舰载攻击机装备了一套挠性陀螺平台惯性系统。在该系统中，导航功能与武器投放所必需的计算组合在一起，从而可完成飞机导航和武器投放的任务，其中还包括为机载"飞鱼"导弹传递惯性基准的能力；

神奇的惯性世界

图 1.22　阿根廷空军的"飞鱼"导弹击沉英国海军的"谢菲尔德号"导弹驱逐舰

（图片来源：http://mil. news. sina. com. cn/2005 – 12 – 13/1516337441. html）

● "飞鱼"导弹上也装备有惯性制导装置，导弹依靠惯性制导及末段主动雷达制导来实现对舰攻击；在此前两天的 5 月 2 日，阿根廷的一艘万吨级"贝尔格拉将军号"巡洋舰被英国海军"征服者号"核潜艇发射的"矛鱼"式鱼雷一举击沉，葬身海底。该鱼雷也采用了捷联式惯性导航技术。

1.3.7　1991 年海湾战争中"爱国者"大战"飞毛腿"

在 1991 年年初爆发的海湾战争中，"爱国者"大战"飞毛腿"的故事被大肆渲染，引起了世界各国的极大关注。

1991 年 1 月 21 日，一枚改进型的"飞毛腿"B 式地 – 地战术导弹从伊拉克中部地区发射升空，进入攻击沙特首都利雅德的飞行弹道。16 秒钟以后，一枚运行在 300 千米高空的美国预警卫星发现了它，并紧急报警，实时将"飞毛腿"导弹的飞行参数向地面站传送。设在澳大利亚的美国空间基地和设在美国本土的美国航空航天司令部同时接收到了这一信息，经过地面站计算之后，迅速将"飞毛腿"导弹的飞行弹道和弹着点参数发往在沙特的"爱国者"导弹发射阵地。阵地指挥控制中心立刻命令"爱国者"导弹以 38°倾角升空拦截，果然将此枚"飞毛腿"导弹击落。这是"飞毛腿"导弹系统在海湾战争中的一次实战描写。

在战争爆发前，伊拉克拥有 800 枚"飞毛腿"地 – 地弹道导弹。战争一打响，从 1 月 12 日到 2 月 21 日期间，伊拉克向以色列和沙特阿拉伯境内共发射 80 多枚 "飞毛腿"，而被美国采用 "爱国者" 地－空导弹（图 1.23（a））成功拦截的 "飞毛腿" 导弹（图 1.23（b））达 70 枚之多，拦截概率高达 90% 以上，从而开创了防空导弹反战术地－地导弹的实战记录。

（a）　　　　　　　　　　　　　　　（b）

图 1.23　"爱国者" 与 "飞毛腿" 导弹

（a）"爱国者" PAC－3 反导导弹（图片来源：http://news.xafc.com/show－330－216760－1.html）；
（b）正在起竖的 "飞毛腿" 导弹

"爱国者" 拦截 "飞毛腿" 的整个拦截过程可分为两个阶段：

- 第一阶段是提供 "飞毛腿" 发射的告警信号；
- 第二阶段是实施 "爱国者" 导弹发射拦截。

在第一阶段，当卫星、高空侦察机、预警机等对 "飞毛腿" 的状态完成探测、侦察和信息传递后，"爱国者" 立即发射，并根据预先计算的最佳拦截时间到达最佳位置，其间的中段飞行则是依靠弹载惯性制导装置来飞向预定的拦截位置，并能在飞行中接收地基雷达的更新数据。到 "爱国者" 与目标之间的偏差角进入其战斗部 6~8 米的杀伤半径内时，立即引爆其战斗部，利用高能碎片来击毁 "飞毛腿"，这是拦截的第二阶段（到 "爱国者"－3 导弹时，其弹头以 "碰撞杀伤" 方式取代过去的 "碎片杀伤" 方式，杀伤力更大。在飞行的最后 2 秒，"爱国者"－3 利用 50 瓦的 Ka 波段主动雷达终端导引头制导）。需要指出的是，"爱国者"地面雷达截获"飞毛腿"的距离通常为 80 千米，此时"飞毛腿"距弹着点仅有 40 秒钟的飞行时间，而"爱国者"的发射反应时间需 10 秒，故"爱国者"导弹与来袭的"飞毛腿"之间只有 30 秒的拦截时间，这是一场何等紧张的拦截战斗！

为什么"飞毛腿"屡被"爱国者"拦截并摧毁呢？第一，"飞毛腿"导弹是一种典型的弹道式导弹，再入时不作机动，从发射到再入落地的整个飞行时间约为 7 分钟，其中主动段的工作时间就长达 90 秒，因此易被侦察卫星发现，其轨道也较易被预测；第二，"飞毛腿"弹头无突防措施，即不存在对拦截系统的干扰，一旦固定的弹道轨迹被测得，就很难有规避的机会；第三，"飞毛腿"采用的是一种比较简陋的捷联式惯性导航系统，采用滚珠轴承支承的陀螺，其精度仅为每小时几度，导致制导系统的精度也很低，导弹最后的落点偏差高达 1.8 千米，显然很难实现对目标精确打击。以上这些问题综合起来，最终造成了"飞毛腿"屡被"爱国者"拦截并摧毁的结果。

1.3.8 1991 年海湾战争拉开了高技术战争的序幕

海湾战争是第二次世界大战以来规模最大、耗资最高、参战国最多、采用武器最新的一场现代化战争。这场战争从 1991 年 1 月 17 日开战至 2 月 28 日宣布停火，共历时 42 天，以美国为首的 32 国出兵，41 国出力，包括"沙漠盾牌"和"沙漠风暴"行动在内的整场战争共耗资 600 多亿美元，军费开支平均每天高达 5 亿～10 亿美元。

这场战争是集陆、海、空、天、电五维为一体的高技术战争，多国部队共出动了 11 万架次飞机，使用了数百枚巡航导弹，海湾水面游弋着 200 多艘舰艇，海湾高空部署着 10 多颗侦察卫星，地面还投入了大量的快速机动陆军部队，因此，这是一场以先进技术和装备取胜的不对称战争。

这场战争是以航空武器为主体的现代化常规战争，多国部队完全掌握了制空权，42 天战斗中空袭占 38 天，地面作战仅 4 天。

在这场战争中，精确制导武器的威力得到了充分发挥，通过大纵深外科手术式的精确打击，奠定了战争胜利的基石。

例如，F－117A 隐身战斗机（图 1.24）在这场战争中担负了繁重的战略轰炸任务，向巴格达市投下的第一枚炸弹就是由 F－117A 完成的。在整个战斗过程中，巴格达市 95% 的战略目标是由 F－117A 投弹摧毁的，而且参战的

44 架 F-117A 在通过长达 370 千米的突防线时竟无一架损失，军事上称之为"零损失"。F-117A 战斗机装备的是高精度静电陀螺惯性导航系统，这是当时世界上精度最高的一种惯性导航系统。

图 1.24　F-117A 隐身战斗机

（图片来源：http://mil. news. sina. com. cn/p/2006 - 12 - 03/1023416689. html）

又如，在海湾战争中，美国共使用了近 20 种导弹，其中 13 种为飞航式导弹，它们中的 90% 都由飞机从空中发射。这些飞航导弹中有 1/3 以上采用了惯性中段制导。而在所有的机载飞航导弹惯性导航系统中，其初始基准的建立均依赖于飞机上的主惯性导航系统。

需要特别指出的是，有 3 种精确制导导弹是首次被用于战争的，分别为集高技术于一身的"战斧"巡航导弹（图 1.25）、"斯莱姆"防区外对地攻击导弹（图 1.26）以及专打"飞毛腿"的"爱国者"防空导弹（图 1.27）。

（a）　　　　　　　　　　　（b）

图 1.25　"战斧"巡航导弹

（a）空射"战斧"巡航导弹（图片来源：http://news. 163. com/40708/0/0QOV596S00011235. html）；

（b）潜艇发射"战斧"的情景（图片来源：http://tupian. baike. com/

a2_ 05_ 40_ 013000001641511236614054388815_ jpg. html）

图 1.26 "斯莱姆"防区外对地攻击导弹

（图片来源：http://news.ifeng.com/gundong/

detail_2013_11/28/31642683_0.shtml）

图 1.27 "爱国者"PAC－3 地空导弹

（图片来源：http://mil.news.sina.com.cn/

2007－03－29/1129437429.html）

"战斧"的作用距离超过 1 500 千米，速度超过 800 千米/小时，在导弹飞行 2 小时后的命中精度还优于 6 米，这样高的精度是"战斧"采用了包括惯性制导在内的几种制导技术的逐个"接管"才达到的。"斯莱姆"导弹的终端误差为 16 米，这是由于它采用了惯性中制导与 GPS 修正惯性导航的技术。

从多国部队的武器装备来看，各种飞机、导弹、舰船，以及先进的坦克、装甲车和自行火炮，都装备有各种各样的惯性导航系统，这些惯性导航系统作为各种武器的心脏，是这场战争中不可缺少的重要设备。综上所述，海湾战争对惯性导航系统来说是一次最全面、最严格的实战考验，惯性导航系统在战争中的作用不容忽视。

1.3.9　1993 年韩国 007 民航机空难之谜

1993 年 9 月 1 日是韩国航空公司 007 航班被苏联导弹击落惨案 10 周年。整整 10 年过去了，围绕这架波音 747－200B 宽机身客机的坠毁原因，国际上一直众说纷纭。本来期待从海底捞出的"黑匣子"会告诉世人以真相，但在 1992 年俄罗斯总统叶利钦访美时，由他交给布什总统的"黑匣子"中的磁带却是空白的，这使得"007 空难"更加蒙上了一层神秘的色彩。

1993 年 8 月 30 日，俄罗斯总统办公厅主任菲拉托夫正式向报界宣布："波音 747 飞机严重偏离航道是造成这起空难的主要原因，而苏联空军以为这是一架军用飞机入侵领空，则是造成这场悲剧的第二个原因。"他强调说，"这场悲剧是由一系列错误与偶然因素造成的，不是蓄意的残酷行径，因此我方对此不负任何责任。"

由于调查结论是飞机偏离航道，这涉及飞机惯性导航系统的性能和使用，下面就从技术角度来探讨这个问题。

1983 年 8 月 31 日美国东部夏季时间（EDT）下午 2 点 38 分，苏联防空部队在鄂霍茨克海上空用导弹击落了一架韩国航空公司的波音 747－200B（图 1.28）客机，机上 269 名乘客和机组人员全部丧生。当时这架 007 航班正在从纽约肯尼迪国际机场飞往汉城（现名首尔）金波机场的途中。事发后，据日本雷达分析，8 月 31 日 EDT 时间中午，在 747 进入苏联领空的同时，三架苏联战斗机即从萨哈林岛紧急起飞进行跟踪。EDT 时间下午 2 点 26 分，苏联战斗机飞行员向正在 10 000 米高度上飞行的 007 航班发射了一枚导弹，8 分钟后，007 在雷达屏幕上消失。

图 1.28　波音 747－200B 客机

在 20 世纪 80 年代以后，所有到达汉城的北极飞行都采用装备惯性导航系统的宽机身喷气客机。这架 747－200B 上装有 3 套互为备份的 LTN－72R 惯性/区域导航的组合系统，它将 LTN－72 飞机惯性导航系统的全部特点与担负途中、终端和进场的区域导航能力综合在一起，从而显著地提高了飞机飞行的经济性。加之全程导航具有自动无线电位置更新、自动奥米伽位置更新和三套惯性导航系统混合导航的能力，整个导航系统的精度超过了终端区和进场的全部要求，位置精度优于 2 海里/小时。且据统计表明，在过去的 921 次系统飞行中，仅有 36 套系统曾超出允许的误差范围。

分析表明，这种惯性导航系统的峰值误差通常出现在飞行 6 小时的时候。007 航班的飞行航线是取道 R20 航路的跨太平洋飞行，从阿拉斯加的安克雷奇到韩国汉城要求纯惯性导航飞行 5 小时，这相当于横跨北大西洋所需的惯性导航飞行时间。但在这条航线上包含有 2 次对惯性导航系统的检查，第一次为在阿留申群岛谢姆亚岛上的地面检查。从图 1.29 上看，007 航班进入苏联领空时已经对 LTN - 72R 的一次航路点进行了修正，所以其系统偏航误差不会超过 2 海里。但事故调查结论是，装备有三套 LTN - 72R 的 007 航班偏离开了它预先编程的横跨太平洋的大圆航线。

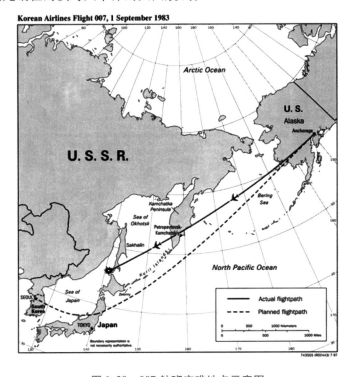

图 1.29　007 航班空难地点示意图

　　具有越洋飞行经验的飞行员和领航员们在事后分析认为，可能是 007 航班的飞行员在使用惯性导航系统过程中出现了不应有的操作失误，从而导致了 007 航班误入苏联领空，由此造成了悲剧。过去也的确发生过由于导航误差而引发的事件，最后以飞机迫降而结束。在 007 空难事件发生以后，包括国际民航组织（ICAO）在内的有关国际组织都参加了对这一事件的调查。事故发生 10 年后的 1993 年 6 月，ICAO 发表讲话，认定莫斯科应该对此事件负主要责任。但俄罗斯一直在推卸责任。看来问题不在于惯性导航系统出了毛病，也不在于飞行员操作有误，而是有更深层次的问题有待历史来回答。

1.3.10 美国宇航员五次维修"哈勃"太空望远镜上的陀螺仪

把光学望远镜送上太空，使之像人造卫星一样绕地球旋转，这是天文学家多年来的愿望。为何要把望远镜送上太空？原来是地球大气层对天文观测构成了极大的障碍，如大气电离层中的辐射会使夜空背景发光、大气扰动也是令天文学家十分头痛的问题……然而，研制太空望远镜的进程却经历了重重波折，直到1990年4月，以著名天文学家哈勃（Edwin Hubble）命名的太空望远镜（图1.30）终于升空，它脱离了运载它的"发现号"航天飞机，徐徐打开长达12米的太阳能吸收板，正式进入环绕地球轨道的飞行。

图1.30 "哈勃"太空望远镜

"哈勃"望远镜是有史以来最大、最精确的天文望远镜，它上面的广角行星照相机可拍摄上百个恒星的照片，其清晰度是地面天文望远镜的10～20倍。"哈勃"创造了一个个太空观测奇迹，例如，发现了黑洞存在的证据，探测到了恒星和星系的早期形成过程（图1.31），观测到了迄今为止人类已发现的距离地球130亿光年的最遥远、最古老星系，并帮助科学家估算出了宇宙有140亿岁，等等。

"哈勃"有一个成熟的系统，它能一天24小时地保持望远镜在空间的位置，并使其对选定的目标进行瞄准和锁定。该系统被称为定向控制系统（PCS），它的定向精度在0.01角秒以内，方位稳定度为0.007角秒（24小时内）。PCS由陀螺仪、反作用飞轮和精确制导传感器（FGS）等组成（图

神奇的惯性世界

1.32)，FGS中除速率陀螺组件外，还有巨型太阳传感器、磁敏感系统、固定头星体跟踪器等，其中的速率陀螺组件将影响望远镜的稳定和机动，并支持它完成精密定向工作，拍摄出令人叫绝的天文照片。速率陀螺的姿态量化误差是0.000 25角秒。除此之外，速率陀螺组件还能用来保持望远镜上的太阳能电池板总是面对太阳，从而保证所载仪器源源不断地获得能源供应。出于科学任务的需要，"哈勃"望远镜共携带6个速率陀螺，其中至少3个陀螺必须正常工作，以用于姿态控制（另外3个用作备份），从而连续保障望远镜科学任务的完成，故障陀螺将通过以后航天飞机的服务任务来进行更换。

图1.31　"哈勃"探测到的宇宙星系形成过程

图1.32　"哈勃"望远镜定向控制系统的组成示意

　　"哈勃"处在离地仅559千米的低轨道上，这种设计目的主要是方便航天飞机在未来对它进行维修。事后证明这个决定是正确的，因为至今对"哈勃"的维修工作已进行了5次。1993年12月，载有7名宇航员的美国"奋进号"航天飞机升入太空，执行对"哈勃"的第一次维修任务，其中包括更换有故障的陀螺仪。到1999年11月，"哈勃"望远镜上6个陀螺仪中有4个发生了故障，致使所有的科学观测工作不得不全部中断。同年12月，宇航员成功地为"哈勃"更换了计算机和陀螺仪。

　　2003年，美国宇航局准备对"哈勃"进行第5次维修。不料当年2月，"哥伦比亚号"航天飞机在空间飞行15天后返回地球时，在着陆过程中突然爆炸，7名宇航员全部牺牲。这一事件导致了原计划中由航天飞机完成的

"哈勃"望远镜任务全部被取消，加之"哈勃"本身突发故障，使得这次的维修计划一再推迟。直到 2009 年 5 月，宇航局决定对"哈勃"进行第五次也是最后一次维修，其任务主要是调换"哈勃"望远镜上的电池和陀螺仪，以及安装 2 台新的照相机。第五次任务是最危险也是最困难的一次，为了完成这次维修，宇航员必须在布满太空碎片的轨道上工作，同太空碎片相撞的风险非常大。为此，宇航局在派出"亚特兰蒂斯号"航天飞机进行维修的同时，另一架"奋进号"航天飞机则在发射台待命准备随时升空救援。

2009 年 5 月 11—18 日，升空后的宇航员共花费 7 小时、进行了 5 次太空行走，最终完成了对"哈勃"太空望远镜的大修，整个维修过程相对顺利，但更换陀螺却花费了他们大部分的时间。经历 5 次大修后，"哈勃"的能力比刚上天时强大百倍，从头到脚的"器官"几乎换遍，例如新陀螺仪就可以帮助"哈勃"更精确地对准宇宙中更遥远的天体。这次大修共耗资 10 亿美元，大修完成以后，可使已在太空服役 19 年的"哈勃"再服役 5 ~ 10 年。图 1.33 为维修时的现场情况。

图 1.33　宇航员正在对"哈勃"进行第五次大修

(图片来源：http://news.k8008.com/html/200808/news_ 61183_ 1.html)

美国宇航局最初为"哈勃"太空望远镜选择的陀螺是一种采用带气体轴承电动机的液浮陀螺，具有优越的低噪声速率信号性能，以及不受限制的轴承寿命，并可提供前所未有的定向精度。但后来"哈勃"的工作表明，在特殊的空间环境下，该陀螺仪的性能及可靠性尚不能满足科学任务的要求。因而，在 2009 年的最后一次大修中，美国宇航局决定采用半球谐振陀螺（HRG）来更换已有的全部 6 个陀螺。

神奇的惯性世界

1.3.11　1999 年科索沃战争成为新武器试验场

1999 年 3 月 24 日，贝尔格莱德时间晚上 9 时许，以美国为首的北约在未经联合国安理会授权的情况下，公然向主权国家南联盟发动空中打击。在这场历时 78 天以空袭与反空袭作战为主的高技术局部战争中，北约方面几乎动用了空、海军武器库中的全部先进武器装备，科索沃成了美国新武器的试验场。

这次空袭行动的代号为"联盟力量"，北约方面总共动员了 10 大类 1 100多架军用飞机，日均出动飞机 350 架次；投弹 23 000 吨，其中制导弹药约占 50%；空投和舰射巡航导弹 1 300 枚；海上舰队包括几艘航空母舰及航母战斗群（图 1.34），以及 20 余艘战舰，它们全部装备有"战斧"巡航导弹；高空中不同轨道上还运行着 50 多颗各种用途的卫星，使得战场上空织起了一张密集的太空数据网。

图 1.34　美国空军战斗机编队飞越海军航空母舰编队

（图片来源：http://mil.news.sina.com.cn/p/2007－02－24/0928432279.html）

在这次空袭行动中，美国空军最先进的 B－2 隐形战略轰炸机、B－1B 远程战略轰炸机和服役多年的 B－52H 重型远程轰炸机同时投入使用，这在过去历次战争中是从未出现过的。B－2A（图 1.35（a））是美空军首次动用的新武器平台，它的出动架次在北约轰炸的总数中不足 1%，投弹量却占到了 11%，足见这种飞机作战威力的巨大。

B－2A 是从美国本土密苏里州怀特明空军基地起飞的，从起飞—到达战区上空—再返回基地，空中连续飞行 30 多小时，期间共需进行 4 次空中加油。值得强调的是，高精度的惯性基组合导航系统在 B－2A 的远程奔袭中发挥了重要的作用（图 1.35（b））。除 B－2 外，另外两种轰炸机是从英国费尔福德空军基地起飞的。在长航线的连续飞行中，这些战略轰炸机始终依靠惯性为基的高精度导航系统来获得精确的、无线电寂静的导航信息，并最终准确到达战区上空。

（a）

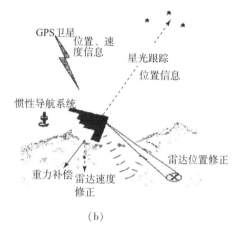
（b）

图 1.35　B－2A 隐形战略轰炸机

（a）B－2A 隐形战略轰炸机（图片来源：http://roll.sohu.com/20131221/n392175327.shtml）；

（b）B－2A 隐形战略轰炸机导航系统

"杰达姆"（JDAM）联合直接攻击弹在科索沃战争中是首次进入实用的一种新型精确制导武器，它由 B－2A 飞机携带。1999 年 5 月 8 日，北约悍然轰炸了我国驻南使馆，B－2A 飞机向我使馆投下了五枚"杰达姆"，造成使馆建筑部分被毁、我 3 名记者壮烈牺牲的重大事件，激起了海内外中国人的极大愤慨。

通常来看，精确打击包括中段制导和末制导两个阶段。只有通过中段制导，才能把武器引导到预定的战区，并为末制导的精确打击提供保障。而在"杰达姆"中，所采用的方案是 GPS 和小型激光陀螺惯性系统相组合的全程全自主制导，通过 GPS 信息对激光陀螺惯性导航系统误差进行实时修正，这就完全不需要末制导的导引而实现对目标的精确打击。图 1.36 给出的是将常规航空炸弹改装为"杰达姆"的示意图，GPS/惯性制导装置被加装到原本中空的炸弹尾翼装置内。

还要强调的是，针对科索沃地区恶劣的气象条件，激光制导炸弹往往不

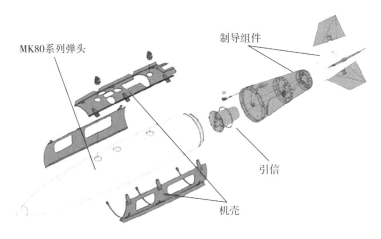

MK80系列弹头

制导组件

引信

机壳

图 1.36 "杰达姆"基本武器和尾翼中加装的 GPS/惯性制导装置

能对目标进行有效打击,而装备有"杰达姆"的作战飞机完全不受气象条件的约束;"杰达姆"的出现还使得装备有 GPS/惯性导航系统的自由落体炸弹变成了精确制导武器。这一点很重要,从这次实战以后,"杰达姆"成为美军武器库中最重要的一种新武器,并引领了空战的革命性变化。

1.3.12　2001 年阿富汗战争使无人机成为杀人武器

2001 年 10 月 7 日起,以美国为首的联军对阿富汗基地组织和塔利班武装展开攻击,旨在彻底消灭制造"9·11"事件的幕后黑手及其同盟者塔利班武装。从此,一场世界性的反恐战争打响。

阿富汗战争是无人机发展史上的一个里程碑。2001 年 10 月的一天,美空军一架"捕食者"无人机(图 1.37(a))向塔利班的坦克发射了"海尔法"导弹,成为第一架在作战中开火的无人机。武装无人机参战开创了空战的新纪元,派往阿富汗的无人机部队使美军的战场监视能力出现了革命性的变化,无人机执行的任务已经从过去的情报、监视、侦查扩展到了侦查、打击一体化。从此,随着无人机从侦察型向攻击型的转变,几乎所有被击毙的恐怖分子头目都与"捕食者"无人机有关。而在战场上大力动用无人机,也变成了美军在阿富汗进行反恐战争、推行"人员上零伤亡,经济上可承受"方针的一项重要手段。

导航系统对于无人机执行自主任务十分重要,因为它是飞机上的中心信息源,而具有完全自主能力的惯性导航尤其适合无人机的任务需求。"捕食者"无人机采用的是与 GPS 组合的零闭锁激光陀螺(图 1.37(b))惯性导航系统，这种高精度的导航系统既有利于完成长航时的侦察，也可对目标进行精确的打击。

（a）

（b）

图1.37　"捕食者"攻击无人机（a）及其惯性导航系统中用的 S－18 型零闭锁激光陀螺（b）

另一种新式武器"风修正弹药布撒器"（WCMD）在阿富汗战场上得到了全面应用，它是美国在海湾战争结束后为适应作战需要而专门立项开展研制的。在海湾战争中，由于遭遇到伊拉克防空炮火和导弹的威胁，投弹飞机被赶向中高空和高高空。由于风的影响，投弹的精确度大大降低。然而，当把一种激光陀螺惯性导航系统加到战术弹药布撒器上后，就使得这种武器在飞行中的轨迹得到了修正（图1.38（a）），即使在高高空发射，也不会损失投放精度，这种装置被称为 WCMD 的成套装置（图1.38（b））。阿富汗战争开

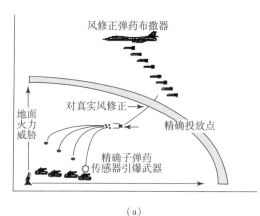

（a）

（b）

图1.38　WCMD 的工作原理（a）及这种尾翼控制成套装置的构成（b）

始后，WCMD 很快被综合到了美空军所有攻击飞机的任务装订系统中，并对大量库存的常规弹药进行了有效的改进，从而使作战飞机能够全天候、全高度地精确投放集束弹药。

1.3.13　2003 年伊拉克战争拉开了信息化战争的序幕

2003 年 3 月 20 日，美国以伊拉克隐藏有大规模杀伤性武器，并暗中支持恐怖分子为借口，绕开联合国安理会，组成美、英联军，单方面对伊拉克实施大规模军事打击，导致伊拉克战争爆发。5 月 2 日，美国总统宣布伊拉克战争结束，整个战争共持续 44 天。战争结束后的 2003 年 12 月，美军成功捉拿了伊拉克总统萨达姆并将其处死。美国声称，这一行动是此场战争的最大成就。战后，美国不断提出重建伊拉克计划，但伊拉克经济始终未得到恢复。至今，美国仍派兵驻守在伊拉克。

伊拉克战争代表着信息化战争的开端，这主要表现在对现有武器装备进行信息化改造方面。第一，开战之后即全面展开陆、空协同，并且大量使用无人机和无人车辆；第二，同时有 5 个航母群参战（图 1.39），显示出了移动机场的威力。

图 1.39　美海军双航空母舰战斗群参战

（图片来源：http://news. hbtv. com. cn/2013/0725/447219_ 2. shtml）

尤其在新型信息化武器装备方面，在这场战争中首次使用的一些新武器都具有信息化作战能力，而它们的性能改进大都与惯性技术有关，如：

● F/A－18E/F 舰载机，这款最新型战斗机被部署在"林肯号"航母上（图 1.40），它采用了激光陀螺惯性导航系统。

图1.40　一架F/A－18E/F舰载机正从航母上弹射升空

• "宝石路" Ⅳ型自主制导滑翔炸弹（军用编号GBU－37），它是在Ⅱ、Ⅲ型基础上发展起来的一种新的双模激光制导炸弹，即在已有的激光制导炸弹上增加GPS辅助惯性制导装置INS/GPS。这种改进型炸弹在正常气象条件下使用激光制导，当由于云雾或烟尘使激光跟踪变坏时，可自动转换到INS/GPS制导，以确保命中目标。图1.41为F－15E正在投放"宝石路"激光制导炸弹。

图1.41　一架F－15E战斗机正在投放"宝石路"激光制导炸弹

（图片来源：http://www. heb. chinanews. com/news/hqjs/2007－06－27/25631. shtml）

• 可从"捕食者"上发射小型"杰达姆"制导炸弹，大大增加了无人攻击机对目标的威胁。首次装备RQ－1B"捕食者"无人攻击机的"杰达姆"

被称为 GBU -38 型，它是最新和最轻的"杰达姆"改进型。这种小型"杰达姆"上的惯性导航系统已从原来采用的激光陀螺改为了微机电（MEMS）陀螺，体积和质量大大减小。

• "战斧" 4 型新一代舰射巡航导弹，与老式的"战斧"导弹相比，"战斧" 4 型巡航导弹最大特点是：发射后它可在目标上空盘旋 2 ~ 3 小时，在实时接收卫星、预警机、无人侦察机和地面指挥机构等发出的信息后，再对目标实施攻击。"战斧" 4 型除采用惯性/GPS 组合制导外，还采用了红外成像/景象匹配末制导技术，从而可在几分钟内确定打击目标，并能对移动目标进行打击。图 1.42 为飞行中的"战斧"巡航导弹。

图 1.42　飞行中的"战斧"巡航导弹

（图片来源：http://mil. news. sina. com. cn/2004 – 07 – 08/0825209057. html？ vt = 4）

• "风暴之影"为英、法两国共同研制的新型中程空射巡航导弹，原定的服役时间为 2003 年年底，伊战打响后提前投入了战斗，这是它首次进入实战。战斗中由"狂风"战斗机一共发射了 30 枚导弹，对伊拉克指挥控制中心和防空设施进行了高精度打击。"风暴之影"的飞行中段采用惯性/GPS + 地形匹配制导系统，末段使用红外成像导引头来实施精确制导。图 1.43 给出了加挂"风暴之影"的"狂风"战斗机。

• 传感器引爆集束炸弹 CBU -105 首次在伊拉克战争中由 B -52 战略轰炸机进行投放，这是一种内装 10 颗子弹药的反装甲集束炸弹，是在传感器引爆武器 CBU -97 基础上加装带有惯性导航装置的布撒器 WCMD 而成。采用WCMD 后，使集束炸弹的投放精度显著提高、投放高度增加、炸弹投放距离增加。图 1.44 为 CBU - 97 型传感器引爆集束炸弹示意图及这种集束炸弹正在围歼行进中的伊军坦克车队。

图 1.43　加挂"风暴之影"的"狂风"战斗机

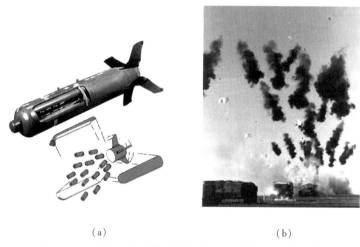

（a）　　　　　　　　　　　　　（b）

图 1.44　CBU - 97 型传感器引爆集束炸弹（a）及这种
集束炸弹正在围歼行进中的伊军坦克车队（b）

（图片来源：http://junshi. xooob. com/yx/20081/215740. htm）

• "神剑"制导炮弹问世。"神剑"是美陆军历时 15 年，耗资 10 亿美元开发的一种新型智能炮弹，是炮弹和导弹的"混血儿"。在普通弹丸上加装制导装置后，使得"神剑"具有自主搜寻、探测、捕获和攻击目标的能力。它既像普通炮弹那样可由火炮发射，又像导弹那样能捕捉和跟踪目标，而

神奇的惯性世界

它的制导装置采用的就是由 MEMS 陀螺构成的惯性导航系统和 GPS 两者的组合。

　　"神剑"制导炮弹采用惯性/GPS 组合制导，从而可为陆军提供前所未有的战术灵活性，它可以上下、左右地改变飞行路径以到达目标，发射这种炮弹的火炮可以在树林里、隐蔽地域、高层建筑或是悬崖后面实施打击，并适合摧毁人口稠密地区的点目标。图 1.45 为"神剑"制导炮弹及其正在发射中的照片。

（a）　　　　　　　　　　　　　　　　　　（b）

图 1.45　"神剑"制导炮弹（a）及其发射中（b）的照片

（图片来源：http://www.ce.cn/xwzx/gjss/gdxw/200608/22/t20060822_8241480.shtml）

　　"神剑"于 2005 年年初进入伊拉克战场，几乎达到"每发必中"的精确制导程度。而以 GPS 辅助 MEMS 惯性导航系统的方案已成为将常规弹药改造为智能弹药的一种基础技术方案。

　　以上诸多实例说明，在信息化武器装备的发展进程中，惯性导航与制导系统是其中的一项关键技术，惯性技术的进步真正推动了武器性能的大幅提高。

1.3.14　中国"神舟"系列宇宙飞船计划

● "神舟五号"载人飞船

2003 年 10 月 15 日 19 时 58 分，中国成功发射了第一艘载人飞船"神舟五号"，中国航天员杨利伟（图 1.46）乘坐"神舟五号"飞行了 60 万千米，历时 21 小时，绕地球 14 圈，并于 2003 年 10 月 16 日 6 时 28 分顺利返回地面。"神舟五号"飞船载人航天飞行实现了中华民族千年飞天的愿望，是中华民族智慧和精神的高度凝聚，是中国航天事业的一座新的里程碑。它标志着中国已成为世界上继苏联和美国之后，第三个能独立开展载人航天活动的国家。

图 1.46　中国第一位实现中华飞天梦的航天员杨利伟

"神舟五号"载人航天飞船的主要技术进步点主要体现在：

➤一步搞三个舱段，即推进舱、返回舱、轨道舱。轨道舱将在飞船返回后作为无人小型实验室留在轨道上继续工作。

➤首次增加了故障自动检测系统和更加先进完善的逃逸和救生系统。

➤飞船系统的关键技术被分解为 17 项核心技术，全部拥有自主知识产权。核心技术的第一项即为制导/导航/控制技术，所采用的惯性导航系统全部为我国自行研制生产。制导/导航技术为飞船的变轨、调姿提供实时的位置、速度和姿态等导航定位信息。

● "神舟六号"载人飞船

2005 年 10 月 12 日 9 时整，"长征二号"F 运载火箭托举着"神舟六号"载人飞船顺利升空。两名中国航天员费俊龙和聂海胜（图 1.47）开始了两人

图 1.47　中国航天员费俊龙和聂海胜在出发前

神奇的惯性世界

多天的航天飞行任务。2005年10月17日凌晨4点33分，在平安飞行115小时32分钟后，"神舟六号"在预定地点顺利着陆。

与"神舟五号"验证性航天飞行试验相比，"神舟六号"的飞行试验是一项真正意义上有人参与的空间飞行试验。中国载人航天计划拟分三步走，2003年10月16日，我国第一名航天员杨利伟安全返回，中国载人航天工程实现了历史性突破，即第一步任务宣告完成。第二步是继续突破载人航天的基本技术，发射"神舟六号"标志着航天工程第二步计划开始。图1.48为"神舟六号"成功发射的照片。

图1.48 "神舟六号"成功发射的照片

（图片来源：http://old.chinacourt.org/html/article/200510/12/180845.shtml）

当时中国已有8项关键航天飞控技术达到了世界先进水平，这为"神舟六号"的成功发射提供了强大的技术保障。这8项达到世界先进水平的关键航天飞控技术分别是：

★ 高精度定轨技术

定轨精度优于百米量级，是中国近地航天器定轨30年来的重大突破。

★ 高精度轨道机动控制技术

打破了俄美的技术垄断，将先进的最优控制理论应用于实践，使飞船实际运行轨迹同理论轨迹完全吻合。

★ 精确返回控制技术

这是载人飞行任务安全、成功的核心技术之一，我国独创性地研究了返回控制参数计算与返回落点预报方法，使我国成为继俄、美之后第三个掌握此项技术的国家。

★ 测控过程可视化技术

运用了当今最先进的虚拟现实、数字建模技术，使飞行控制操作实时、逼真。

★ 飞行控制自动化技术

创造性地实现了遥控发令、数据注入、轨道计算预报等软件运行的高度自动化，实现了在 2 秒钟内把指令发送到飞船，这种透明控制方式在中国航天领域是史无前例的，在世界航天测控领域也属一流。

★ 软件构件化技术

在国内创造性地采用平台化、构件化、开放型的开发设计思想，建成了一个庞大而有序的软件系统。

★ 智能化故障诊断技术

采用人工智能和专家系统技术，在我国首次实现了航天飞行器重要状态和故障诊断的自动识别。

★ 应急救生控制技术

基于地面飞行控制中心的大气层外应急救生控制技术，使航天员能够在任一圈次选择安全返回地面，这是中国特色的载人航天技术创新，填补了我国航天测控领域的一项空白。

下面以精确返回控制技术为例进行介绍。"神舟六号"飞船返回技术的起点很高，它采用了目前世界上最为先进的升力再入返回方式。在此过程中，需要过 5 关：

❖ 调姿关：使飞船从运行姿态调整到返回姿态；

❖ 角度关：保证飞船进入大气层时与大气层夹角为 20° 左右；

❖ 过载关：必须使过载限制在人体的耐受范围内，即小于 $10g$；

❖ 火焰关：飞船有先进的防热措施，返回时舱底保持向前姿态；

❖ 着陆关：控制系统要打开降落伞，使返回舱减速以实现软着陆。

需要强调的是，在以上 5 关中，每个步骤都需要依靠惯性传感器来提供飞船精确的姿态、速度以及加速度信息，以确保实现对各阶段的控制，从而既保证了飞船的精确返回，也保证了航天员的生命安全。

- "神舟七号"载人飞船

2008 年 9 月 25 日 21 时 10 分，"神舟七号"载人航天飞船从中国酒泉卫星发射中心用"长征二号"F 火箭发射升空，飞船于 2008 年 9 月 28 日 17 时 37 分成功着陆于中国内蒙古四子王旗主着陆场，"神舟七号"共计飞行 68 小时 27 分钟，绕地球 45 圈。执行第三次载人航天飞行任务的航天员是翟志刚、刘伯明和景海鹏（图 1.49）。

图 1.49　执行第三次载人航天飞行任务的
航天员翟志刚、刘伯明和景海鹏

"神舟七号"的任务是继续突破载人航天的基本技术，包括多人多天飞行、航天员出舱太空行走、完成飞船与空间舱的交会对接等。具体来说，在这次任务中，"神舟七号"航天员肩负三大任务：实施中国首次出舱活动；完成包括回收固体润滑材料、释放伴飞卫星等在内的科学实验；满载荷、全方位考核载人航天工程的总体及各大系统。图 1.50 为"神舟七号"载人航天飞行的全过程示意图。

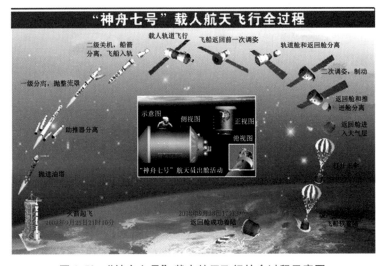

图 1.50　"神舟七号"载人航天飞行的全过程示意图

（图片来源：http://news. xinhuanet. com/photo/2008 – 09/28/content_10129934. htm）

另外，伴飞小卫星也于9月25日搭载"神舟七号"发射升空，并于9月27日被成功释放。9月30日—10月5日，北京航天飞行控制中心对其先后进行了3个阶段共6次轨道控制，最终形成了环绕飞船轨道舱的飞行。小卫星伴随绕飞试验的成功，为实现大型航天器的在轨故障诊断和技术保障奠定基础，并为未来我国航天器空间交会时的对接活动提供有益经验。

航天员翟志刚完成了中国人的首次空间出舱活动（图1.51）。9月27日17时，翟志刚在完成一系列空间科学实验并按预定方案进行太空行走后，安全返回"神舟七号"轨道舱，这标志着我国航天员首次空间出舱活动取得成功。整个出舱活动持续时间为25分23秒，在太空行走总里程为9 165千米。航天员太空行走，从舱内到舱外进行太空作业，是一项高难度、高风险的载人航天活动，掌握和突破出舱技术是载人航天发展中不可逾越的过程。这次出舱活动的成功，为实现我国载人航天工程的第二步目标开了一个好头，为我国载人航天事业长远发展奠定了基础。

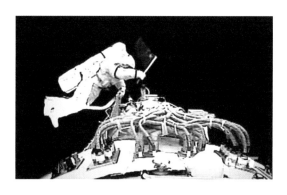

图1.51　航天员翟志刚完成了中国人的首次空间出舱活动

发射"神舟六号"、"神舟七号"标志着中国开始实施载人航天的第二步计划，而第三步是建立永久性的空间试验室，以及建立中国的空间工程系统。中国的载人航天工程起源于1986年3月由著名科学家王大珩、王淦昌、杨嘉墀和陈芳允提出的"863计划"，后来该计划被中央采纳。1992年9月21日，中国载人航天工程正式立项，并做出整个载人飞船计划分"三步走"的决策。整个"三步走"计划将在20年内完成。

最后要强调的是，从"神舟五号"、"神舟六号"到"神舟七号"的成功，惯性导航系统的作用不可低估。惯性导航系统和惯性仪表为飞船的发射升空、入轨/变轨、轨道运行，直至安全重返地球，提供了不可缺少的全程保驾护航。

1.3.15　2011年"天宫一号"与"神舟八号"成功对接

- 我国载人航天"三步走"的空间计划

1992年9月21日，中国政府决定实施载人航天工程，并确定了"三步走"的发展战略。第一步，发射载人飞船，建立初步配套的试验性载人飞船工程，开展空间试验；第二步，突破航天员出舱活动技术、空间飞行器的交会对接技术，发射空间实验室，解决有一定规模的、短期有人照料的空间应用问题；第三步，建造空间站，解决具有较大规模的、长期有人照料的空间应用问题（图1.52）。在第二步，要解决组装、交会对接、补给以及循环利用等四大技术。这些技术关系到空间站的组装、航天员在空间站的生存等关键问题。"天宫一号"就是我国在第二步计划中为了解决交会对接问题而发射的一个目标飞行器。"天宫一号"被运往太空之后，通过对接可以被改造成一个短期有人照料的空间实验室。它的发射成功，标志着我国已经拥有建设初步空间站（即短期无人照料空间站）的能力。对接技术成熟之后，将可以发

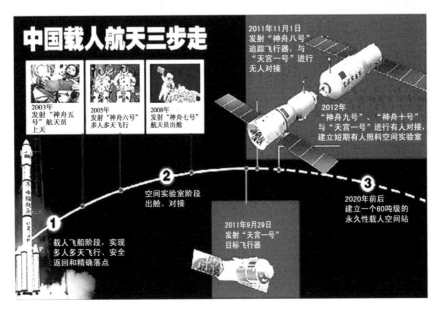

图1.52　我国载人航天空间计划

（图片来源：中国载人航天工程办公室官方网站）

射真正的空间实验室——"天宫二号"。"天宫二号"将完成再生式循环系统、有效载荷和应用系统的实验以及其他一些科研项目。经过空间实验室阶段，就将迈向第三步：建立空间站。按照规划，2015 年前，我国将陆续发射"天宫二号"、"天宫三号"两个空间实验室，而我国真正意义上的载人空间站将在 2020 年前后建成。在我国的载人航天"三步走"计划中，最终要建设的是一个基本型空间站，它的规模不会超过"和平号"空间站和"国际空间站"。"三步走"计划完成后，中国的航天员和科学家在太空的实验活动将会常态化，从而为中国和平利用太空和开发太空资源打下坚实的基础。图 1.53 为我国制定的总的空间计划示意图。

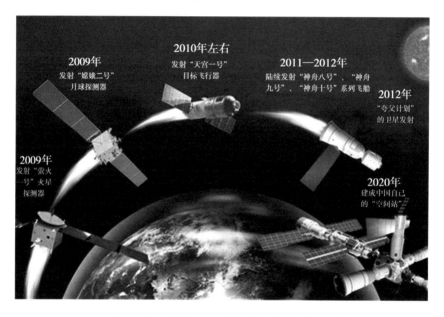

图 1.53　我国制定的总的空间计划示意图

（图片来源：http://news. bandao. cn/topic/b/2011/tiangong/）

- "天宫一号"目标飞行器

"天宫一号"是我国第一个目标飞行器，于 2011 年 9 月 29 日 21 时 16 分 03 秒在酒泉卫星发射中心发射，飞行器全长 10.4 米，最大直径 3.35 米，由实验舱和资源舱构成。它的发射标志着中国迈入航天"三步走"战略的第二步第二阶段。按照计划，"神舟八号"、"神舟九号"、"神舟十号"飞船将在两年内依次与"天宫一号"完成无人或有人交会对接任务，并建立中国首个空间实验室。图 1.54 为中国首个目标飞行器"天宫一号"及其任务示意图。

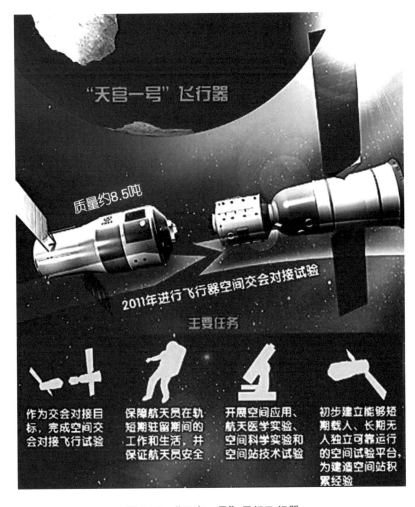

"天宫一号"飞行器

质量约8.5吨

2011年进行飞行器空间交会对接试验

主要任务

作为交会对接目标，完成空间交会对接飞行试验

保障航天员在轨短期驻留期间的工作和生活，并保证航天员安全

开展空间应用、航天医学实验、空间科学实验和空间站技术试验

初步建立能够短期载人、长期无人独立可靠运行的空间试验平台，为建造空间站积累经验

图 1.54 "天宫一号"目标飞行器

（图片来源：http://tupian. baike. com/a3_ 33_ 05_

013000009463751282221052405856_ jpg. html? prd = zhengwenye_ left_ neirong_ tupian）

"天宫一号"目标飞行器要突破的最关键也是最不可逾越的一项技术就是交会对接。首先，由于未来的空间站建造是靠多舱段组合在一起的，因而交会对接是其最关键的一项技术，也是重要的技术基础。其次，"天宫一号"是我国首次研制发射的低轨道长寿命空间飞行器，它的特点不同于载人飞船，

载人飞船是天地往返运输工具，而"天宫一号"主要用于一定规模的空间科学试验，要为航天员提供驻留的工作和生活条件，可以说，"天宫一号"也是未来空间实验室的雏形。再次，"天宫一号"采用了多项新技术，为将来空间站的建造和试验做了先期的技术验证。最后，"天宫一号"是目前我国研制的最大的载人航天器，其中为航天员提供的工作和生活空间就有 15 立方米，能够同时满足 3 名航天员工作和生活的需要，并配备有锻炼和娱乐设施，可实现航天员与地面之间可视的电话通信，也可以从事个人娱乐活动。

"天宫一号"的导航与制导系统有 6 个控制力矩陀螺，其用途是在"天宫一号"与追踪飞行器进行对接之际负责寻找目标，而控制力矩陀螺则会对"天宫一号"进行精确的姿态控制。

● "神舟八号"无人飞船

"神舟八号"无人飞船是我国"神舟"系列飞船的第八艘飞船，飞船全长 9 米，最大直径 2.8 米，起飞质量 8 082 千克，具备自动和手动两种交会对接功能。

"神舟八号"无人飞船于北京时间 2011 年 11 月 1 日 5 时 58 分 10 秒由改进型"长征二号"F 遥八火箭顺利发射升空。升空后 2 天，"神八"与此前发射的已在轨稳定运行的"天宫一号"目标飞行器进行了空间交会对接，实施中国载人航天首次空间交会对接任务。

组合体运行 12 天后，"神舟八号"飞船脱离"天宫一号"并再次与之进行交会对接试验，这标志着我国已经成功突破了空间交会对接及组合体运行等一系列关键技术。2011 年 11 月 16 日 18 时 30 分，"神舟八号"飞船与"天宫一号"目标飞行器成功分离，返回舱于 11 月 17 日 19 时许返回地面。

● "神舟八号"与"天宫一号"两次成功交会对接

两个或两个以上的航天器通过轨道参数的协调，在同一时间到达太空同一位置的过程称为交会技术。在交会的基础上，通过专门的对接机构将两个航天器连接成一个整体。实现两个航天器在太空交会对接的系统，称为交会对接系统。2011 年 11 月 3 日和 11 月 14 日，"神舟八号"与"天宫一号"两次成功完成了交会对接任务。

交会对接一般分为四个步骤：地面导引、自动寻的、自动逼近与交会对接，最关键、难度最大的就是交会对接。图1.55 形象地给出了两个飞行器从对接到分离全过程所进行的5个飞行段。图1.56为完成对接后，"天宫一号"、"神舟八号"组合体的各分系统组成及功能。在交会对接过程中，"神舟八号"与"天宫一号"的速度达到了7 000 米/秒。图1.57 给出了交会对接时两个飞行器的相关数据。

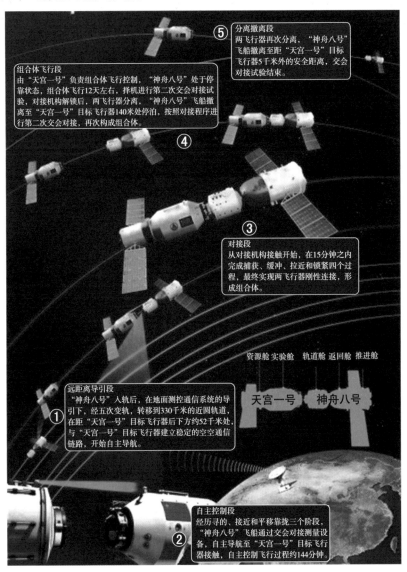

⑤ 分离撤离段
两飞行器再次分离，"神舟八号"飞船撤离至距"天宫一号"目标飞行器5千米外的安全距离，交会对接试验结束。

组合体飞行段
由"天宫一号"负责组合体飞行控制，"神舟八号"处于停靠状态，组合体飞行12天左右，择机进行第二次交会对接试验，对接机构解锁后，两飞行器分离，"神舟八号"飞船撤离至"天宫一号"目标飞行器140米处停泊，按照对接程序进行第二次交会对接，再次构成组合体。

④

③

对接段
从对接机构接触开始，在15分钟之内完成捕获、缓冲、拉近和锁紧四个过程，最终实现两飞行器刚性连接，形成组合体。

资源舱 实验舱　轨道舱 返回舱 推进舱

天宫一号　　神舟八号

远距离导引段
"神舟八号"入轨后，在地面测控通信系统的导引下，经五次变轨，转移到330千米的近圆轨道，在距"天宫一号"目标飞行器后下方约52千米处，与"天宫一号"目标飞行器建立稳定的空空通信链路，开始自主导航。

①

自主控制段
经历寻的、接近和平移靠拢三个阶段，"神舟八号"飞船通过交会对接测量设备，自主导航至"天宫一号"目标飞行器接触，自主控制飞行过程约144分钟。

②

图 1.55　两个飞行器从对接到分离全过程内进行的 5 个飞行段

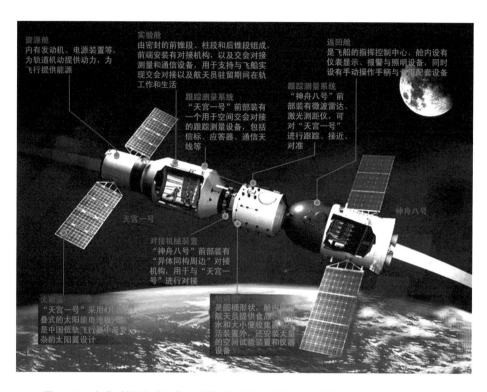

資源舱
内有发动机、电源装置等，
为轨道机动提供动力，为
飞行提供能源

实验舱
由密封的前锥段、柱段和后锥段组成，
前端安装有对接机构，以及交会对接
测量和通信设备，用于支持与飞船实
现交会对接以及航天员驻留期间在轨
工作和生活

返回舱
是飞船的指挥控制中心，舱内设有
仪表显示、报警和照明设备，同时
设有手动操作手柄与专用配套设备

跟踪测量系统
"天宫一号"前部装有
一个用于空间交会对接
的跟踪测量设备，包括
信标、应答器、通信天
线等

跟踪测量系统
"神舟八号"前
部装有微波雷达、
激光测距仪，可
对"天宫一号"
进行跟踪、接近、
对准

天宫一号

神舟八号

对接机械装置
"神舟八号"前部装有
一个"异体同构周边"对接
机构，用于与"天宫一
号"进行对接

是圆桶形状，舱内为
航天员提供食品、饮
水和大小便收集等生
活装置外，还安装大量
的空间试验装置和仪器
设备

太阳翼
"天宫一号"采用4片
叠式的太阳能电池板，
是中国低轨飞行器中最复
杂的太阳翼设计

图 1.56 完成对接后"天宫一号"、"神舟八号"组合体的各分系统组成及功能

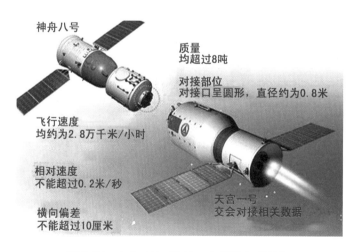

神舟八号

质量
均超过8吨

对接部位
对接口呈圆形，直径约为0.8米

飞行速度
均约为2.8万千米/小时

相对速度
不能超过0.2米/秒

横向偏差
不能超过10厘米

天宫一号
交会对接相关数据

图 1.57 交会对接时两个飞行器的相关数据

神奇的惯性世界

交会对接本身相当于一个"穿针引线"的过程，"神舟八号"可看作是"线"，"天宫一号"是"针"，在高速运动条件下"用线穿针"，就要求"线"对得准，"针"控得稳。而实现对飞行器的"对得准、控得稳"的关键，首先源于高精度、高灵敏度的惯性导航系统。保证"天宫一号"姿态稳定的核心装置是一种采用我国自行研制的光纤陀螺构成的双备份惯性导航系统，除了达到高精度、高灵敏度的性能外，它还满足抗振动、抗冲击、质量控制等一系列特殊要求。尤其要指出的是，光纤陀螺在我国目标飞行器上获得成功应用，开创了世界范围内空间站姿控系统应用光纤陀螺的先河。

在首次交会对接任务中，专门为"神舟八号"研制的高精度加速度计组合实时给出了飞船的速度和距离信息，而这是基于空间微重力情况下对航天器所进行的测量，从而确保了"神舟八号"和"天宫一号"准确无误地在太空中交会对接。

为顺利进行二次交会对接，"天宫一号"、"神舟八号"组合体于 13 日 22 时 37 分在距地面高度约 343 千米的近圆轨道上偏航 180 度，建立倒飞姿态。11 月 14 日晚，"天宫一号"、"神舟八号"组合体完成了第二次交会对接，其间倒飞、分离和对接是整个任务的三个关节点。第二次对接时，组合体运行以"天宫一号"控制为主，"神舟八号"处于停靠状态，组合体的姿态调整由"天宫一号"来控制进行。因此，这次太空转身，"天宫一号"、"神舟八号"组合体没有启动轨控发动机，而是依靠陀螺动量轮的控制完成，目的是尽可能减少对轨道的扰动。

- **"神舟九号"载人飞船**

"神舟九号"于北京时间 2012 年 6 月 16 日 18 时 37 分 24 秒在甘肃省酒泉卫星发射中心发射升空，分别于 6 月 18 日与 6 月 24 日与"天宫一号"进行交会对接，航天员进入"天宫一号"生活了十余天，之后飞船于 6 月 29 日 10 时 3 分在内蒙古顺利着陆。

"神舟九号"乘组由男航天员景海鹏、刘旺和我国首位女航天员刘洋组成（图 1.58），执行载人交会对接任务，并由航天员刘旺完成手控交会对接，这次飞行成功标志着我国已全面掌握空间交会对接技术。

对中国来说，成功的载人对接任务是 2020 年前后建立空间站计划的重要一步，是中国航天史上极具突破性的一步。从"神舟八号"到"神舟九号"，

图 1.58 "神舟九号"航天员乘组

除了从无人到有人这一最大不同之外,在与"天宫一号"实施交会对接时,还有以下四方面的不同:

❖方向不同

"神舟八号"两次对接全部采用从后面进入对接,也就是说飞船在后,向前追赶"天宫一号"。"神舟九号"进行的是前向对接,也就是说,飞船在前,由"天宫一号"追赶"神舟九号"进行对接。

❖交会对接方法不同

"神舟八号"与"天宫一号"对接采用的是自动交会对接,而"神舟九号"在进行自动交会对接的同时,采用了人工手动控制方式,以验证航天员手动控制交会对接技术。

❖交会对接环境不同

与"神舟八号"不同,"神舟九号"的载人交会对接在全阳照区进行,太空各种光波对交会对接测量设备会造成干扰,使他们接受了一次严峻的考验。

❖联成一体

"神舟八号"与"天宫一号"交会对接只是完成了两个飞行器的刚性连接，但连接两个航天器的舱门没有打开。而"神舟九号"航天员要进入"天宫一号"目标飞行器里进行工作、生活和组合体载人环境的全面验证（图 1.59）。

图 1.59 "天宫一号"舱内的三位航天员

• "神舟十号"载人飞船

2013 年 6 月 11 日 17 时 38 分，"神舟十号"在酒泉卫星发射中心成功发射升空，进入预定轨道。"神舟十号"发射与返回在轨共飞行 15 天，6 月 13 日与"天宫一号"对接，6 月 20 日回归地球，其中停留在"天宫一号"12 天，共搭载三位航天员——聂海胜、张晓光、王亚平（图 1.60），女航天员王亚平还是中国太空讲课第一人。

"神舟十号"的任务主要包括以下几项：

——为"天宫一号"在轨运行提供人员和物资天地往返运输服务，进一步考核交会对接、载人天地往返运输系统的功能和性能；

——进一步考核组合体对航天员生活、工作和健康的保障能力，以及航

图 1.60 "神舟十号"的三位航天员

天员执行飞行任务的能力；

——进行航天员空间环境适应性等验证试验，首次开展面向青少年的太空科普讲课；

——进一步考核工程各系统执行飞行任务的功能、性能和系统间的协调性。

图 1.61 为"神舟十号"与"天宫一号"的载人飞行任务过程。

"神舟十号"增加了绕飞任务，也就是说，"神舟十号"飞船绕着"天宫一号"进行绕飞，这是此次飞行的一大亮点，实现航天器绕飞的基本前提是绕飞轨道的保持与控制。要绕飞就要变轨，要通过大量计算，对轨道进行高精度控制，这对制导系统是一大难题。这一试验的成功对建造空间站非常重要，因为空间站可能有多个对接口，飞行器要从多个方向与它对接，绕飞就是对这一技术的考核。

总体来说，"神舟九号"标志着我国突破和掌握了载人交会对接技术，在此基础上，"神舟十号"则进行了载人天地往返运输系统的首次应用性飞行。从此，我国载人航天第二步任务的第一阶段宣告完美收官，开始进入空间实验室和空间站的研制阶段。

最后要提到的是"神舟十号"太空授课记。这是中国最高的讲台，在远离地面 300 多千米的"天宫一号"上，"神舟十号"航天员王亚平在聂海胜和

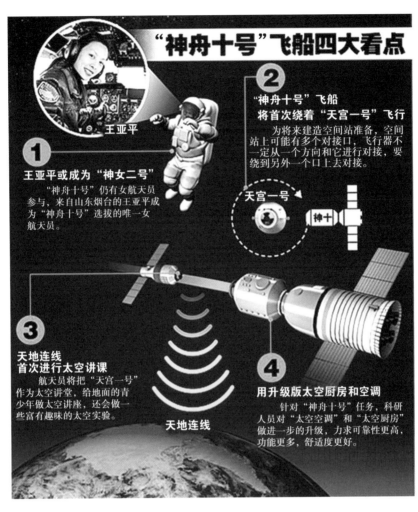

图1.61 "神舟十号"与"天宫一号"的载人飞行任务过程

(图片来源：综合新华社、中国载人航天工程网整理，中新社2013年6月10日张寒制图)

张晓光的协助下，通过5个试验，让大家领略了奇妙的太空世界。五项实验是：质量测量演示、单摆运动演示、陀螺演示、水膜演示和水球演示。王亚平在陀螺演示中告诉同学们，高速旋转的陀螺具有很好的定轴性，在太空失重环境下，这一特性更加直观地显示出来。牛顿怎么也想不到，他的"牛顿三定律"被美丽的中国太空女讲师讲到了天上。这是中国最大的课堂，从首都北京到祖国的四面八方；这是中国学生最多的课堂，8万多所中学，数千名教师，通过广播、电视和网络直播，共同收听、收看了航天员的太空授课。

图 1.62 为王亚平在太空讲台上讲课。

图 1.62　中国女航天员王亚平在太空授课

1.3.16　中国"嫦娥"探月工程

● "嫦娥"探月工程简介

"嫦娥一号"是我国首颗绕月人造卫星,以中国古代神话人物嫦娥命名。2004 年,中国正式开展月球探测工程,并命名为"嫦娥工程"。嫦娥工程分为"无人月球探测"、"载人登月"和"建立月球基地"三个阶段,也就是人们常说的"绕"、"落"、"回"三个阶段(图 1.63)。

❖ "绕"

发射一颗月球卫星,在距离月球表面 200 千米的高度绕月飞行,边绕边看,进行月球全球探测。

❖ "落"

发射月球软着陆器,降落到月球表面,释放一个月球车,在月球上边走边看,进行着陆区附近局部详细探测;着陆器还将携带天文望远镜,从月球上观测星空。

图 1.63　嫦娥工程三个阶段示意图

（图片来源：http://www.nipic.com/show/4/137/3ba16dc4ca472623.html）

❖ "回"

发射月球自动采样返回器，降落到月球表面后，机械手将采集月球土壤和岩石样品送上返回器，返回器再将月球样品带回地球，开展相关研究。

第一期"绕"月工程是在 2007 年发射探月卫星"嫦娥一号"，对月球表面环境、地貌、地形、地质构造与物理场进行探测。第二期"落"月工程时间为 2007—2010 年，目标是研制和发射航天器，以软着陆的方式降落在月球上进行探测。具体方案是用安全降落在月面上的巡视车、自动机器人探测着陆区岩石与矿物成分，测定着陆点的热流和周围环境，进行高分辨率摄影和月岩的现场探测或采样分析，为以后建立月球基地的选址提供月面的化学与物理参数。第三期"回"定在 2011—2020 年，目标是月面巡视勘察与采样返回。其中前期主要是研制和发射新型软着陆月球巡视车，对着陆区进行巡视勘察。后期即 2015 年以后，研制和发射小型采样返回舱、月表钻岩机、月表采样器、机器人操作臂等，采集关键性样品返回地球，对着陆区进行考察，为下一步载人登月探测、建立月球前哨站的选址提供数据资料。

• "嫦娥一号"绕月探测卫星

"嫦娥一号"是我国首颗绕月人造卫星，以中国古代神话人物嫦娥命名。"嫦娥一号"于 2007 年 10 月 24 日 18 时 05 分在西昌卫星发射中心搭乘"长征三号"甲运载火箭顺利发射升空。卫星的总质量为 2 350 千克左右，尺寸为 2 000 毫米 ×1 720 毫米 ×2 200 毫米，太阳能电池帆板展开长度 18 米，寿命大于 1 年。该卫星的主要探测目标是：获取月球表面的三维立体影像；分析月球表面有用元素的含量和物质类型的分布特点；探测月壤厚度和地球至月球的空间环境。"嫦娥一号"是中国"嫦娥工程"的第一阶段任务，已于 2009 年 3 月 1 日，在经历长达 494 天的飞行后，完成使命，撞向月球预定地点，即完成了到月球的硬着陆。至此，中国的探月一期工程宣布完美落幕。图 1.64 为"嫦娥一号"绕月人造卫星示意图。

"嫦娥一号"是怎样奔向月宫的？从地球到月球的平均直线距离是 38 万千米，"嫦娥一号"卫星飞向月球要走四段路。第一段是发射段，运载火箭把卫星送入绕地球飞行的大椭圆轨道。第二段是调相轨道段，卫星和火箭分离后，依靠卫星上的推进系统使卫星绕地球做 3 次加速变轨，一次比一次飞得更远，越来越接近月球。第三段是地—月转移轨道段，卫星调整飞行路线，准确飞向月球。第四段是绕月轨道段，卫星接近月球时"刹车"，靠月球引力

神奇的惯性世界

图 1.64 "嫦娥一号"绕月人造卫星示意图

进入月球轨道,开始绕月飞行。这四段路加起来,卫星的实际飞行距离将超过 100 万千米。

2007 年 10 月 25 日 17 时 55 分,"嫦娥一号"卫星实施首次变轨并获得成功,使卫星的近地点高度由约 200 千米升高到了约 600 千米。那么,卫星的变轨究竟是怎么回事呢?所谓变轨,顾名思义就是改变飞行器在太空中的运行轨道。受运载火箭发射能力的局限,卫星往往不能直接由火箭送入最终运行的空间轨道,而是要在一个椭圆轨道上先行过渡。在地面跟踪测控网的跟踪测控下,选择合适时机向卫星上的发动机发出点火指令,通过一定的推力改变卫星的运行速度,达到改变卫星运行轨道的目的。变轨是一项非常尖端的测控技术,对卫星轨道的测量、发动机点火时间的计算以及遥控技术均提出了很高的要求。在此过程中,陀螺仪承担了卫星姿态测量及控制的重要任务,图 1.65 为"嫦娥一号"变轨示意图。

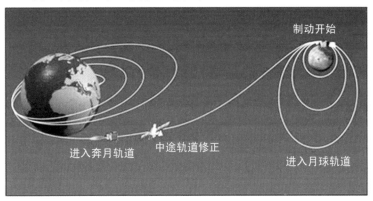

图 1.65 "嫦娥一号"变轨示意图

● "嫦娥二号"绕月探测卫星

"嫦娥二号"是"嫦娥一号"的备份星，于2010年10月1日18时59分57秒搭载"长征三号"丙运载火箭在西昌卫星发射中心成功发射。"嫦娥二号"的主要任务是获得更清晰、更详细的月球月表影像数据和月球极区表面数据，为"嫦娥三号"实现月球软着陆进行部分关键技术试验，并对"嫦娥三号"着陆区虹湾进行了高精度成像。图1.66为月球虹湾所在位置示意图和"嫦娥二号"传回的月面虹湾区局部影像图。完成对"嫦娥三号"预选着陆区的高清晰度拍摄和传回，标志着"嫦娥二号"所确定的6个工程目标已经全部实现，它的工程任务已经取得圆满成功。

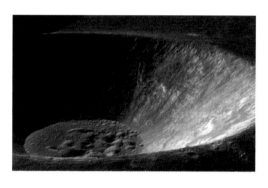

(a)   (b)

图1.66 传回的"嫦娥二号"传回的月面虹湾局部影像图片

(a) 月球虹湾所在位置示意图；(b) "嫦娥二号"传回的虹湾局部影像图片

"嫦娥二号"还突破了一项工程难点，即依靠运载火箭直接将卫星发射至地月转移轨道，即直接入轨。"嫦娥二号"手握直飞月球的"登机牌"，无须经由地球轨道"中转换乘"，而是直接从发射塔"一站式"飞抵38万千米外的月球上空。这种"直航航线"可使"嫦娥二号"的地月飞行时间缩短120小时，地面测控成本大大降低，但对一路护航的运载火箭提出了更高要求。

设计寿命为6个月的"嫦娥二号"在工作26个月后正在飞向更远的深空。据科学家们分析，其星地距离最远可达3亿千米，成为我国首颗飞入行星际的探测器。

● "嫦娥三号"月球探测器

2013年12月2日凌晨1时30分，"嫦娥三号"携"玉兔号"月球车在西昌卫星发射中心成功发射，展开奔月之旅。从地球出发到月球着陆，整个太空之旅历时 14 天。

"嫦娥三号"由着陆器和巡视器（月球车）两部分组成。在月面软着陆后，着陆器和巡视器将实施联合探测。着陆器的计划工作寿命为一年，月球车只有三个月的工作寿命。图 1.67 为两器互拍的示意图。

图 1.67　两器互拍的示意图

（图片来源：国防科工局网站）

月球车是"落"到月球表面后对着陆区进行巡视勘察的重要工具。它进入月球表面之后，将在一个没有大气、温度变化比较剧烈的环境下行走，车轮首先得能转起来，这涉及如何对仪器进行控制以及密封的问题。再接下来就是对车轮表面的形状和具体的材质有一些要求，因为月球表面上土壤密度比地球的小，更容易打滑。更严重的是，在月球上也有极昼或者极夜的现象，月球车将要面临能源方面的问题，这是比较大的挑战。总的来说，有以下几个特点：第一，要适应月球的环境，如很厚的月尘和崎岖不平的道路；第二，具有自主的视觉导航能力，对月球表面的障碍首先要通过视觉识别出来，然后把要走的路径计算好，规划好，引导月球车走过去，速度不会很快，主要是考虑成本和安全性；第三，它一定要适应月球的低温环境。月球上有 14 天的日照时间，14 天的黑夜，它的一天相当于地球一个月的时间。在这段时间，最低温度可以达到 − 180 ℃，这个温度足够破坏很多仪器，地球上常用的材料甚至电线都会被损坏。所以，必须要保证月球车能够给自己加温，等到再次见到太阳时能够工作。图 1.68 为正在月球上工作的"玉兔号"月球车回传图。

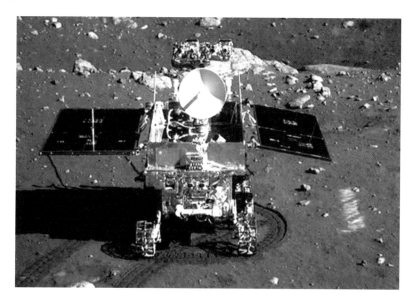

图 1.68　中国"玉兔号"月球车

　　为了实现自主导航，月球车上采用了高可靠的惯性导航系统。"嫦娥三号"上的导航是采用双激光陀螺惯组与 GPS 修正的复合制导方式，它在所谓的黑色 720 秒和悬停找点过程中发挥了重要作用。"黑色 720 秒"就是"嫦娥三号"从 15 千米高度的轨道降落到落月点 30 米上空悬停的 720 秒，这 720 秒是"嫦娥三号"脱离地面引导和指挥、独立工作的 720 秒，也是"嫦娥三号"全程最复杂、最艰险、动作最多的一段历程。在这段时间里，"嫦娥三号"要独立完成制动、减速、调姿等动作。根据不断变化的速度、方位和姿态，7 500 牛顿的变推力火箭和浑身上下十几个小液体火箭要完成极其精确的"推、拉、摇、移"，从而操纵"嫦娥三号"落向落月点前进。同时，还要进行自主导航、自主控制、引导自身精确到达目标上空。这套引导系统之一就

神奇的惯性世界

是上面谈到的双激光陀螺惯性导航系统。

另外，在"玉兔号"月球车中，同样靠惯性导航系统执行自主导航的任务。"玉兔号"月球车以 200 米/小时的速度和 7 米/步的节奏巡视月面，并与留在落月点的着陆器一起，开展月表形貌和地质构造、月面物质成分和可利用资源、地球等离子体层等的科学探测。

整个"嫦娥"探月工程完成之后，即"绕、落、回"三步走圆满完成，中国的无人探月技术将趋于成熟，中国人登月的日子也将不再遥远。中国航天技术迈上一个新的台阶，并为我们将来向包括火星等在内的更深的空间发展奠定良好的基础，促进中国航天技术的进一步发展。

1.3.17　中国"蛟龙号"载人潜水器

人类一直怀着"上九天揽月，下五洋捉鳖"的梦想。深海载人潜水器正是人类探索深海奥秘的重要工具。它可以完成多种复杂任务，包括通过摄像、照相对海底资源进行勘查、执行水下设备定点布放、海底电缆和管道检测等。"蛟龙号"潜水器是我国自行设计、自主集成研制的深海载人潜水器，设计深度为 7 000 米。

深海载人潜水器是名副其实的"海底蛟龙"，人们对此的兴趣集中于三个方面：深海潜水器与潜艇有何区别？深海潜水器有何用途？中国潜水器在国际的地位如何？

深海潜水器可以分为带缆水下机器人、自主型水下机器人和载人潜水器等。深海潜水器特别是深海载人潜水器，是海洋开发的前沿与制高点之一，其水平可以体现出一个国家在结构、材料、控制、海洋学等领域的综合科技实力。深海潜水器与潜艇的主要技术区别是，深海潜水器不是完全自主运行的，必须依靠母船补充能量和空气。比如"蛟龙号"是依靠母船"向阳红 09号"工作的。每次海试结束后，"蛟龙号"都会被回收到母船上，而不是在海洋中独立行驶。深海潜水器体积较小，航程短，也没有潜艇那样的艇员生活设施。深海潜水器和潜艇的下潜方法相同，都是向空气舱中注入海水，但上浮的方法则不同。潜艇上浮时，会使用压缩空气把空气舱中的海水逼出去。而深海潜水器由于下潜深、环境压力大，压缩空气不足以逼出空气舱中的海水，所以采用抛弃压载铁的办法实现上浮。

在中国之前，世界上只有美国、日本、法国和俄罗斯拥有深海载人潜水器。这四个国家的载人潜水器最大工作深度均未超过 6 500 米，经常下潜深度在 5 000 米以内。

北京时间 2010 年 7 月 26 日上午，我国自主研制的深海载人潜水器"蛟龙号"成功潜至海面以下 5 057 米，这标志着中国已经进入载人深潜技术的全球先进国家之列，继美、法、俄、日之后，成为世界上第五个掌握 3 500 米以上大深度载人深潜技术的国家。2012 年 6 月 27 日，"蛟龙号" 7 000 米级第五次下潜最大深度达到了 7 062 米，再次刷新同类型潜水器下潜深度记录。图 1.69 为"蛟龙号"深潜员，其中叶聪为我国载人潜水器主任设计师，此外，还有四位，分别是唐嘉陵、付文韬、崔维成和杨波，为我国首批潜航员。

图 1. 69 "蛟龙号"深潜员

（图片来源：www. news. cn）

2013 年，"蛟龙号"赴中国南海、东北太平洋多金属结核勘探合同区、西北太平洋富钴结壳勘探区完成首个试验性应用航次，成功执行 21 次下潜任务，获得了一系列重要的科学发现；2014 年，"蛟龙号"在西太平洋和西南印度洋继续开展试验性应用航次。

"蛟龙号"深潜的意义主要在于：一是在世界上同类型深潜中具有最大下潜深度 7 000 米（设计值），这意味着该潜水器可在占世界海洋面积 99.8% 的广阔海域使用；二是具有针对作业目标稳定的悬停，这为该潜水器完成高精度作业任务提供了可靠保障；三是具有先进的水声通信和海底微貌探测能力，可以高速传输图像和语音，探测海底的小目标；四是配备了多种高性能装置，确保载人潜水器在特殊的海洋环境或海底地质条件下完成保真取样和潜钻取芯等复杂任务。图1.70为2010年7月26日"蛟龙号"深潜海试示意图，下潜深度至5 057米，创造了中国载人深潜的历史。

图1.70 "蛟龙号"深潜海试示意图

（图片来源：http://roll. sohu. com/20110721/n314156302. shtml）

如图1.71为"蛟龙号"的主要组成部分示意图。

"蛟龙号"三大尖端技术为：近底自动航行和悬停定位、高速水声通信、充油银锌蓄电池容量。第一，"蛟龙号"现在可以完成三种自动航行：自动定向航行，驾驶员设定方向后，"蛟龙号"可以自动航行，而不用担心跑偏；自动定高航行，这一功能可以让潜水器与海底保持一定高度，尽管海底山形起伏，自动定高功能可以让"蛟龙号"轻而易举地在复杂环境中航行，避免出现碰撞；自动定深功能，可以让"蛟龙号"保持与海面固定距离。更为令人称奇的是，"蛟龙号"还能悬停定位，在已公开的消息中，尚未有国外深潜器

图 1.71　"蛟龙号"主要组成部分示意图

具备类似功能。第二，深海通信靠"声"，不靠"电磁"，陆地通信主要靠电磁波，速度可以达到光速，但电磁波在海水中只能深入几米，"蛟龙号"潜入深海数千米，如何与母船保持联系？科学家们研发了具有世界先进水平的高速水声通信技术。采用声呐通信技术需要解决多项难题，现已一一得到解决。图 1.72 是试验人员正在将"蛟龙号"放入水中。

陀螺罗经和惯性导航系统是自主水下运载器的主要导航定位装置，在商业应用情况下，潜水器的精确定位以及其他导航信息（如速度、姿态等）的获得对完成任务是至关重要的。某些应用如水下绘图，采用的是合成孔径声呐（SAS），除精确定位外，更重要的是要准确了解潜水器与 SAS 的状态，以便提高信号质量。在这种情况下，潜水器上的惯性导航系统不仅用来导航，它也为 SAS 的稳定提供数据，以便改进成像的分辨率。

图 1.72　试验人员正在将"蛟龙号"放入水中

"蛟龙号"为何不去找马航失联飞机?

2014 年 3 月 8 日凌晨 2 时 40 分,马来西亚航空公司一架载有 239 人的波音 777 – 200 飞机(航班号为 MH370)与管制中心失去联系,其上有 154 名中国游客。从出事至今,打捞飞机残骸的工作仍没有任何线索。

当听说位于南印度洋的疑似失事海域水深达 4 000 多米时,人们自然地联想到中国拥有 7 000 米深潜器的事实。在以后的南印度洋水域搜索工作中,美国提供了"蓝鳍金枪鱼"自主水下航行器,但中国为什么不把"蛟龙号"也拿出来应用?针对这样的质疑,中国"蛟龙号"副总设计师胡震于 2014 年 5 月 2 日对记者说:"'蛟龙号'是载人潜水器,与无人潜水器相比,其优势在于能够在海底进行 360 度拍摄等精细作业,但缺点是作业范围有限。因此,需要配合搜索范围较大的拖拽式声呐设备首先将搜索范围缩小到一定程度,再由如美国'蓝鳍金枪鱼号'这样的自主水下航行器进一步缩小范围。"胡震表示:"'蛟龙号'已做好准备,当搜索范围缩小到数十平方千米时,'蛟龙号'便有大展身手的机会,可以在疑似海域进行残骸的确认和打捞。"也就是说,"蛟龙号"眼下的实际能力是不会找,只会捞。或者说,"蛟龙号"还没有达到技术成熟的阶段。

"蛟龙号"载人潜水器是我国第一台自行设计、自主集成研制的深海载人潜水器，我国已是世界上掌握尖端深海潜艇技术的"少年期"，随着这项技术的进一步成熟和使用经验的进一步积累，"蛟龙号"将在今后成长时间内发挥重要作用。

🌀 1.4 惯性技术领域人物记

1.4.1 牛顿

牛顿（1642.12.25—1727.3.20）是英国伟大的物理学家、数学家、天文学家和自然哲学家（图1.73）。牛顿一生的重要贡献是集16、17世纪科学先驱们成果的大成，建立起一个完整的力学理论体系，把天地间万物的运动规律概括在一个严密的统一理论中。以牛顿命名的三大运动定律是经典物理学和天文学的基础，也是现代工程力学以及相关的工程技术的理论基础。三大定律的推出、地球引力的发现和微积分的创立，使牛顿成为过去1 000年中最杰出的科学巨人。

图1.73 牛顿

- **牛顿第一定律（亦称惯性定律）**

任何物体，在不受外力作用时，总是保持静止状态或匀速直线运动状态，直到其他物体对它施加作用力，迫使它改变这种状态为止。

- **牛顿第二定律**

物体运动的加速度 a 的大小与其所受合力 F 的大小成正比，与其质量 m 成反比。加速度 a 的方向与所受合力 F 的方向相同，即

$$F = ma$$

- **牛顿第三定律（亦称作用力与反作用力定律）**

任何物体间的作用力与反作用力同时存在、同时消失，它们大小相等、方向相反，作用在同一条直线上，但分别作用在两个不同物体上。

牛顿运动定律只适用于惯性参考系。太阳系是一个惯性系，地球也可近似看作惯性系。

1.4.2 傅科

　　地球在不停地自转，这已是尽人皆知的常识。然而 19 世纪以前，不少学者曾为此学说的成立呕心沥血，甚至付出了生命的代价。1851 年，法国力学家傅科（1819.9.18—1868.2.11，图 1.74）在巴黎做了一次实验，即利用"单摆的振动在惯性空间保持不变"的原理，来证实地球的自转现象，这就是著名的傅科摆实验（图 1.75）。他最终用科学实验的方法，证明了这个已经争论了两个多世纪的难题。

图 1.74　傅科

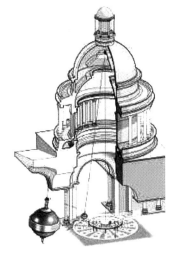

（a）　　　　　　　　　　　　（b）

图 1.75　傅科摆实验

（图片来源：http://dnc.buaa.edu.cn/xxyd/mcsy/2012-01-08/258.html）

　　在北京的天文馆里，一进门就可以看到，从高高的屋顶上垂下一根绳子，它的下面挂着一个很重的铁球，一直伸入圆池中，而且不停地做着微幅摆动，这就是有名的"傅科摆"。

　　1852 年，傅科利用高速旋转刚体的空间稳定性，设计了一个仪表装置，并按"转动"和"观察"的希腊文给它取名为 Gyroscope（图 1.76），这就是实用陀螺仪的"鼻祖",而且"陀螺仪"这个术语也一直沿用至今。傅科用这个装置做了三个实验:证明地球在昼夜旋转,确定当地的地理纬度,找出地球上的南北方向。

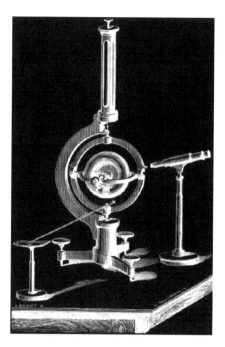

图 1.76 傅科陀螺仪

（图片来源: http://kp. whut. edu. cn/zcms/wwwroot/popsci/kpzt/249524. shtml）

傅科的陀螺仪实验在理论上是正确的,他将陀螺用于实践的思想对后来陀螺仪的发展影响很大。可以说,傅科陀螺仪使惯性导航事业的发展跨出了第一步。

1.4.3 安休茨

1901 年,29 岁的德国青年探险家海尔曼·安休茨(1872—1931,图 1.77)在维也纳皇家地质协会报告了自己想乘潜水艇去北极冰层下探险的考察方案,遭到了权威们的一致反对,当场有物理学家质疑:"您究竟怎么驾驶自己的潜艇?要知道,任何磁罗经在北极都将失灵!""在潜艇里

图 1.77 安休茨

神奇的惯性世界

地球磁场会被钢铁的船体完全屏蔽，磁罗盘将完全失去作用。"这些提问提醒了安休茨，他想到了只有利用陀螺来作航向仪器才能解决这个问题。

安休茨放弃了考察计划，立即以充沛的精力去埋头研究对自己来说完全陌生的一门科学技术——惯性导航技术。1905年，他制作出世界上第一台陀螺罗经样机，但试航时的结果却令人失望。原因是当舰船加速时，装在船上的陀螺罗经所产生的误差大到令仪器不能使用的程度。后来经过3年的努力，借用了当时刚刚出现的异步电动机和滚珠轴承技术，安休茨终于在1908年制造出了世界上第一台能自动找北并稳定指示船舶航向的陀螺罗经（图1.78），开创了陀螺仪在航海史上应用的新纪元。这种不依靠任何外界信息，自动建立子午线方向的精密航海仪器，是陀螺技术应用中最精巧也是最重大的成就之一。

图1.78　安休茨发明的史上第一台实用的平台罗经

新发明的陀螺罗经存在不少缺陷，如在某些航向上舰船的摇摆会使仪器误差大增。又经过3年的钻研，在他的表兄、科学家舒勒的帮助下，安休茨发明了采用液体悬浮技术的多陀螺仪器结构，实现了罗经振动的水平阻尼，从而克服了摇摆误差并进一步提高了仪器精度。从1912年开始，安休茨罗经逐步占领了世界航海罗经大半个市场，时间长达半个多世纪，直至电控罗经的出现。

遗憾的是，安休茨过早地离开了人世，他的冰下北极探险的夙愿直到1958年才由美国的"鹦鹉螺号"核潜艇实现，当时潜艇上安装有一台N6 – A

型惯性导航系统和一套 MK‑19 型平台罗经。

1.4.4　舒勒

德国科学家舒勒（生卒不详，图 1.79）在陀螺罗经、陀螺稳定平台、惯性导航、惯性制导等系统设计方面，做出了卓有成效的贡献。他著名的 84.4 分钟无干扰条件的理论，已成为惯性导航系统设计的经典。同时，在如何克服由载体机动运动而产生的机动误差方面，提供了解决问题的关键技术。

年轻的科学家舒勒参加了其表弟安休茨博士的陀螺罗经设计工作，与安休茨合作设计了巧妙的带有液体阻尼器的液浮摆式罗经。1910 年，舒勒发现，当振动周期等于

图 1.79　舒勒

84.4 分钟时，陀螺罗经不会产生机动误差。进一步的研究又发现，这一结论具有更广泛的概括性，即任何摆和机械仪器，只要具有 84.4 分钟的振动周期，就可避免由于载体加速度对陀螺仪、摆和机械仪器的影响。舒勒发明不受环境影响的陀螺罗经，使得定向技术获得重大发展。

1923 年，舒勒发表了题为《运输工具的加速度对于摆和陀螺仪的干扰》的重要论文。他从最简单的单摆运动的基本概念入手，阐述了该论文的重要发现。如图 1.80 所示，位置 Ⅰ 为存在加速度时单摆平衡的示意图，当小车以加速度 a 做直线运动时，摆锤质量为 m 的单摆不再指示垂线，而是沿与加速度相反的方向偏转一个角度 α，α 的大小取决于加速度 a 的大小；只有当小车的加速度为零时，α 才为零，这就是单摆受加速度干扰的情况。但当小车沿地球表面从 A 到 B 运动时（图 1.80 位置 Ⅱ），单摆由于加速度 a 而向后摆动，垂线 g_A 将变为 g_B。如果初始条件和单摆周期选择适当，则摆锤向后摆动的虚线位置可能刚好与 B 点的垂线 g_B 重合。这就是说，虽然载体有加速度 a，但单摆却没有加速度误差 α 角。

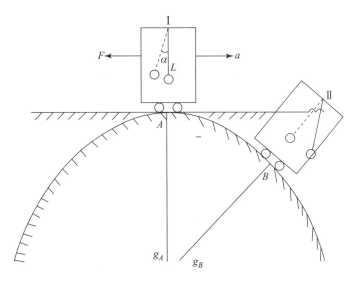

图 1.80　单摆的舒勒原理

舒勒推导出了公式 $T = 2\pi\sqrt{\dfrac{L}{g}}$，式中 L 为摆长。如果 L 等于地球半径 R，即摆锤将始终处于地心，那么无论载体在地球表面做任何加速运动，摆线一直指向当地垂线，也即不存在误差角。经计算，周期 $T = 2\pi\sqrt{\dfrac{R}{g}} = 84.4$（分钟）时，无加速度误差。这就是著名的舒勒原理，这种摆被称为舒勒摆，满足 84.4 分钟振荡的系统被称为舒勒调谐系统。

这种单摆是理想的数学摆，因为实现长度为地球半径的摆长是不现实的，但可将其变成物理摆，一种实用的方案就是使用陀螺摆。借助高速自转的陀螺在进动运动中的巨大惯性，可以实现长周期的进动运动。如果将这个振荡周期调整到 84.4 分钟，就实现了舒勒调谐周期。舒勒调谐周期的实现，为制造高精度、实用的惯性导航系统提供了充分的理论。舒勒调谐原理被称为无干扰条件，它是惯性仪表设计中必须遵循的重要准则。

1.4.5　冯·布劳恩

德裔火箭专家冯·布劳恩（1912.3.23—1977.6.16，图 1.81）是 20 世纪航天事业的先驱之一，被誉为 20 世纪最伟大的火箭专家。他是著名的 V - 1 和 V - 2 火箭（图 1.82）总设计师。纳粹德国战败后，美国将他和他的设计小组带到美国。移居美国后，布劳恩任陆军导弹局发展处处长和 NASA 副局长，先后研制成功"红石"、"丘比特"和"潘兴"式导弹。其中，"丘比特"C 型火箭是美国第一颗人造卫星发射成功的关键保障。

图 1.81　冯·布劳恩

图 1.82　早期的 V－2 火箭

　　1961 年 5 月，美国宣布实施"阿波罗"载人登月计划，冯·布劳恩在美国国家航空航天局（NASA）内任总统空间事务科学顾问，并直接主持设计"阿波罗 11 号"登月宇宙飞船的运载火箭"土星 5 号"——人类有史以来推力最大的火箭。1969 年 7 月 20 日，"阿波罗 11 号"登月成功，他的事业也达到了巅峰。

1.4.6 德雷珀

德雷珀博士（1901.10.2—1987.7.15，图 1.83）是第二次世界大战以来最有声望的航空与航天专家之一，他在惯性技术领域的深厚造诣和突出贡献赢得了世界的赞誉，被称为"20 世纪的哥伦布"，并早在 20 世纪 50 年代就被尊以"陀螺先生"的称号，被公认为是"惯导界的一颗巨星"。

图 1.83　德雷珀

德雷珀博士是美国麻省理工学院（MIT）精密仪器实验室的创始人，该实验室后来发展为德雷珀实验室。经过半个多世纪的努力，到 1973 年，该实验室已从最早的十多个人发展成为一个拥有 1 800 多名员工的德雷珀实验室公司，这个公司在惯性导航界名声显赫。如 1953 年，由德雷珀实验室研制成功的世界上第一套机械陀螺惯性装置，命名为空间惯性基准设备（SPIRE），其直径为 1.5 米，质量约 1 300 千克，成为后来飞机、舰艇、导弹和宇宙飞行器及各种运载器用惯性系统的基础。

德雷珀实验室最负盛名的成就是于 20 世纪 50 年代研制成功了单自由度液浮陀螺仪，这种新陀螺比传统的机械式框架陀螺仪在精度上提高了 2 ~ 3 个数量级，并以优异的性能占领飞机、船舶、导弹、宇宙飞船等运载器的大部分应用市场长达 40 年之久。在液浮陀螺技术基础上，德雷珀和他的同事们在 20 世纪 70 年代为 MX 战略导弹研制成功了世界上精度最高的第三代陀螺仪，这种陀螺集液浮、气浮和磁悬浮三种支撑技术于一体，故被称为"三浮"陀螺。同时，他还推出了具有最高制导精度的浮球平台系统，使 MX 导弹成为世界上命中精度最高的战略武器系统之一。1963 年 9 月，德雷珀还带领他的实验室成功地完成了为"阿波罗"飞船提供导航系统的任务（图 1.84）。

图 1.84　德雷珀与他的"阿波罗"制导/控制系统实体模型

依照德雷珀博士观点，20 世纪的国际惯性技术水平可以分为四代：20 世纪 50 年代以前没有惯性系统，只有采用框架陀螺的地平仪、方位仪等定向装置，这是惯性技术的第一代；从 V－2 火箭制导中应用加速度计作为测量元件来确定位置开始，直至进入 20 世纪 70 年代，大多数的惯性系统和元件均属于第二代；第三代惯性技术于 20 世纪 70 年代初开始研制，这种采用液浮陀螺的平台系统使得定位精度提高了 2 个数量级；20 世纪 70 年代末开始设计第四代惯性系统，通过应用现代科学技术，系统定位精度小于 0.3 米，速度误差小于 0.3 米/秒。

惯性技术的发展速度是惊人的。今天的陀螺技术已进入固态陀螺的时代，但德雷珀博士在惯性技术发展史上的杰出贡献将永垂史册。德雷珀的名字已被载入全美国家发明家名人纪念馆及世界航空名人纪念馆的荣誉册。1984 年，美国国家工程师协会授予他"工程技术金奖"，称他在惯性导航领域的业绩为"50 年来工程界七大标志成就之一"。

1.4.7　钱学森

钱学森（1911.12.11—2009.10.31，图 1.85）出生于上海，1934 年毕业于上海交通大学，1935 年考入美国麻省理工学院深造，并于 1936 年转入加州理工学院，拜著名航空科学家冯·卡门为师，学习航空工程理论，三年后获博士学位并留校任教。经冯·卡门推荐，38 岁的钱学森不久就成为该校最年轻的终身教授。

图 1.85　钱学森

从 1935 年到 1950 年的 15 年间，钱学森在学术上取得了巨大的成就。他被世界公认为力学界和应用数学界的权威、流体力学研究的开路人、卓越的空气动力学家、现代航空科学和火箭技术的先驱以及工程控制论的创始人。

1950—1955 年，正值美国处于严重反共的麦卡锡时代，钱学森被冠以通共罪名，被软禁了整整 5 年。1955 年年底通过朝鲜战争战俘交换方式，钱学森才终于回到了自己的祖国。从 1958 年起，钱学森长期担任我国火箭、导弹和航天器研制的技术领导职务，在空气动力学、航空工程、喷气推进、工程控制论、物理力学等科技领域做出了开创性的贡献，是中国近代力学和系统工程理论与应用研究的奠基人和倡导人。

钱学森是我国杰出的科学家、中国科学院和工程院院士。他为我国火箭、导弹和航天事业的创建和发展，为我国国防科技事业的进步做出了开创性的贡献。由于钱学森的回国效力，中国导弹、原子弹的发射至少向前推进了 20 年，他也因此被称为中国的"导弹之父"。1991 年，钱学森获得中共中央、国务院、中央军委联合授予的"国家杰出贡献科学家"称号；1999 年 9 月，与钱三强、邓稼先等 23 位科学家一起荣获"两弹一星功勋奖章"；2006 年 10 月，钱学森与任新民、屠守锷、黄纬禄、梁守盘等 5 位专家一起荣获"中国航天事业 50 年最高荣誉奖"；2009 年 3 月 28 日，获"2008 影响世界华人盛典"颁发的最高大奖——终身成就奖。

1.4.8 林士谔

林士谔（1913.7.1—1987.9.27，图 1.86）为我国航空仪表技术和惯性技术奠基人之一，著名的自动控制专家和航空教育家，广东平远人。

林士谔的父亲林震于辛亥革命时追随孙中山，曾任广东北伐军师长及孙中山大本营高级参谋，并因重创张勋部队而获金质勋章。林士谔自小天资聪慧，勤奋好学，由于父亲早逝，整个中学的学杂费都由其父的辛亥革命同志加挚友、新中国成立后任中华人民共和国副主席的李济深资助。

图 1.86　林士谔

1935 年，林士谔毕业于上海交通大学电机系，并以优异成绩被录取为公费留学生，赴美国麻省理工学院学习航空工程，师从世界著名科学家、陀螺仪表专家德雷珀博士，于 1939 年获博士学位。在其博士论文《飞机自动控制理论》中，林士谔创造性地提出了高阶代数方程劈因解根法，获得了导师德雷珀的赞赏和推荐，这种方法后来被国际数学界命名为"林士谔"法。这个以中国人名字命名的方法至今还在发展，应用于现代计算机的快速运算。

1939 年 6 月，林士谔怀着立志航空救国的满腔热情，从美国麻省理工学院一毕业即毅然回国。1940—1946 年间，他先后在成都、南京等航空部门任职；1946—1951 年任厦门大学航空系教授兼系主任；1951—1952 年任清华大学航空学院教授；1952—1987 年在北京航空学院（现北京航空航天大学）先后担任教授、系副主任、院学术委员会副主任委员、博士生导师等职。

林士谔先生是中国惯性技术的奠基人之一，是北京航空航天大学惯性技术学科的创始人。在 20 世纪 50 年代中期，在他出任"北京航空学院陀螺仪理论及其应用"中苏协作项目主要负责人期间，多次赴俄罗斯考察和制定规划。1956 年，在钱学森的大力推荐下，林先生亲自担任我国第一个航空陀螺与惯性导航专业研究室主任。该研究室在他的带领下设计并制造出了一种新型的液浮陀螺仪，填补了我国陀螺仪领域的空白。

1962 年，在林先生的指导下，该研究室在国内率先研制成功了动压气浮陀螺电动机。70 年代他又将当时国外正在大力发展的挠性陀螺介绍到国内，主编出版了《动力调谐陀螺仪》一书，对我国研制这种新陀螺给予了重要的指导。1974 年，该研究室研制成功了我国第一个挠性陀螺。1981 年，以他为带头人的我国第一个惯性技术及导航设备博士点在北京航空学院建立。

林士谔先生不仅理论基础深厚，而且非常注重理论和实际的结合，十分注意国际科技发展的动向。在他的领导下，研究室在光纤、激光、半球谐振、超导等一系列新型陀螺以及组合导航、捷联惯性导航等项目上都能及时跟踪国外发展，有些项目的研究还处于国际领先地位。林士谔先生在推动我国陀螺与惯性导航事业的发展进程中做出了不可磨灭的重大贡献。

1.4.9　陆元九

陆元九（图 1.87）先生是我国最负盛名的陀螺及惯性导航专家，我国自动化科学技术开拓者之一。

陆先生 1920 年出生于安徽来安，1941 年毕业于重庆中央大学航空工程系。1945 年考取赴美公费留学生，被分配进麻省理工学院航空工程系。当时，著名的自动控制专家德雷珀教授刚刚设立"仪器学"博士学位，学习的内容主要就是

图 1.87　陆元九

神奇的惯性世界

惯性导航。喜欢尝试挑战的陆元九选择了这一难度很大的新专业，成为德雷珀教授的首位惯性导航博士生，一步跨进了世界前沿技术的新领域。在两年内，他一直是这门学科唯一的博士生。

1949 年，29 岁的陆元九获博士学位，这是世界上第一位惯性导航学科的博士，随即他被麻省理工学院聘为副研究员、研究工程师，在导师的科研小组中继续从事研究工作。这时，新生的祖国百废待兴，陆元九积极地为回国做准备。但他所从事的研究属于美国国家重要机密，回国之行困难重重。后来，借助"用（朝鲜）战争中的美国俘虏换取中国留学人员回国"的一项中美协议，陆元九屡经波折终于在 1956 年回到了祖国。

回国后，陆元九先后在中国科学院自动化研究所和北京控制工程研究所担任副所长，在北京控制器件研究所任所长，并创建了中国科技大学自动化系，任教授及系副主任，后又兼任哈尔滨工业大学教授。

1958 年，陆元九提出，要进行人造卫星自动控制研究，并要用控制手段对其进行回收，这是世界上第一次提出"回收卫星"的概念。1964 年，他的主要著作《陀螺及惯性导航（上册）》出版，这是我国惯性技术方面最早的专著之一。陆先生一改过去有关陀螺的著作都是以力学观点和方法进行论述的状况，转而采用自动控制观点和方法对陀螺和惯性导航原理进行深入论述，对我国惯性技术的发展产生了重要的推动作用。1965 年，陆元九主持组建了中科院液浮惯性技术研究室并兼任研究室主任，主持开展单自由度液浮陀螺、陀螺摆式加速度计和液浮陀螺稳定平台的研制，我国第一台大型精密离心机也在他的主持下研制诞生。"文化大革命"结束后，陆元九积极参加航天型号方案的论证工作，指导了新一代运载火箭惯性制导方案的论证。在他的建议和努力下，国家批准建立了惯性仪表测试中心。

1980 年，陆元九当选为中国科学院院士（时称学部委员）。从 1984 年起，先后担任航天工业部总工程师、科技委常委等职，还为航天部科研单位研究生培养倾注了极大的心血。1985 年，陆元九当选为国际宇航科学院院士。

1994 年，陆元九当选为中国工程院院士。

1.4.10　丁衡高

丁衡高（图 1.88）是我国杰出的惯性技术和精密仪器专家，上将军衔。1931 年出生，江苏南京人。1952 年毕业于南京大学机械系。1957 年留学苏联，1961 年在列宁格勒精密机械光学学院获苏联技术科学副博士学位。回国后历任研究所设计室主任、副所长，国防科工委副局长，国防科工委科技部副部长，国防科工委主任等职，是中国惯性技术学会第一、二、三、四届理事长。

图 1.88　丁衡高

丁衡高长期从事制导武器的陀螺仪、加速度计、惯性平台系统等的研制工作。突破了气浮轴承及惯性器件的关键技术，并成功将其应用于几种战略导弹、运载工具及多种测试设备，在以上科研攻关中做出了突出贡献。1978 年，"静压空气轴承"项目获中国科技大会奖。1979 年，"静压气浮技术及其在惯性仪表中的应用"项目获国家科技重大成果一等奖；同时，"气浮陀螺加速度计"及"三自由度气浮陀螺"项目均获国防科技重大成果二等奖。由于负责某型号战略导弹液浮惯性系统的研制及生产，1985 年获国家科技进步特等奖（第一获奖人）。目前从事科技发展战略研究及微米/纳米技术、微机电系统的研究工作。

1994 年，丁衡高当选为中国工程院院士。

1.4.11　汪顺亭

汪顺亭（图 1.89）是我国知名的惯性技术与导航设备专家。1935 年出生，辽宁大连人。1962 年毕业于苏联莫斯科包曼国立技术大学的导航专业。回国后，历任国防部七院 707 所（现中国船舶重工集团公司 707 所）总工程师、副所长、科技委主任等职，研究员。现任 707 所首席顾问，北京理工大学教授和东南大学兼职教授、博士生导师。

图 1.89　汪顺亭

汪顺亭多年来从事舰船惯性导航系统和惯性平台研制工作，是我国自行研制的舰船惯性导航系统的开拓者之一。作为第一代舰船惯性导航系统课题负责人，主持完成了原理方案设计。该系统分别被装备在各类舰船上，多次完成了国家重点工程试验和探测任务。作

神奇的惯性世界

为第二代惯性导航系统的主任设计师，主持设计、研制和试验全过程，并按实战要求对系统实施改进，解决了"奇点校准"难题。通过这一系列开创性工作，解决了国家重点工程中的重大关键技术。他还主持设计了第二代派生型产品的设计和研制工作，装备该系统的测量船，圆满完成了一系列卫星发射的测控任务。汪顺亭为我国舰船惯性导航系统的研制成功和推广应用做出了突出贡献。

1978 年汪顺亭获全国科技大会奖，1991 年获中船总公司科技进步特等奖，1993 年获国家级科技进步一等奖（第一获奖人）。

1994 年，汪顺亭当选为中国工程院院士。

1.4.12 高伯龙

高伯龙（图 1.90）1928 年出生于广西省岑溪，是现代物理学家和激光陀螺专家。1951 年清华大学物理系毕业，任哈尔滨军事工程学院副教授。自1971 年任长沙国防科技大学应用物理系教授、环形激光器研究室主任、博士生导师。

高伯龙长期从事理论物理及激光技术的研究和教学工作。由他主持研究的激光陀螺实验室样机获 1987 年国防科工委科技进步一等奖，激光陀螺工程样机获 1995 年国防科工委科技进步一等奖，"全内腔绿（黄、橙）光氦氖激光器"项目获 1996 年国家科技进步二等奖，1996年获解放军首届专业科技重大贡献奖。

图 1.90 高伯龙

高伯龙从 1975 年起一直从事激光陀螺的研制，由他主持并研制成功的激光陀螺现已进入实用阶段，同时，研制出的新激光器已达国际先进水平，从而使我国成为继美、德之后第三个掌握该型激光器制造技术的国家。

1997 年，高伯龙当选为中国工程院院士。

1.4.13 冯培德

冯培德（图 1.91）为我国著名的飞行器导航、制导、控制专家。1941 年生，广东省江门恩平人。1963 年本科毕业于北京大学数学力学系，1966 年于南京航空航天大学自动控制系陀螺与惯性导航专业研究生毕业，1981—1983 年赴美做访问学者。

从 1967 年起，冯培德一直在中国航空工业 618 研究所工作，自 1984 年起任所长，长达 17 年。现在航空工业集团科技委工作，并兼任北京航空航天大学、西北工业大学、南京航空航天大学等高校的教授、博导。

冯培德长期担任航空惯性导航系统的学术带头人，先后主持了多种型号航空惯性导航系

图 1.91 冯培德

统的研制工作，打破了西方国家多年来在这一关键领域对我国的技术封锁，大大提高了我国空军主战机种的自主导航能力和武器发射能力，并获得了显著的经济效益。他还在捷联惯性导航、组合导航、激光陀螺、微机电系统等方面做了大量开创性、奠基性的工作，培养了一批硕士生和博士生。

冯培德曾荣获国家科技进步特等奖、二等奖、国家发明奖各 1 项，以及国防科工委和部级科技成果一、二、三等奖等。他是航空金奖获得者，国家级有突出贡献专家和全国先进工作者。

2001 年，冯培德当选为中国工程院院士。

1.4.14 包为民

包为民（图 1.92），1960 年 3 月出生于黑龙江省哈尔滨市。1982 年毕业于西北电讯工程学院（现西安电子科技大学），获学士学位。毕业以来一直工作于中国航天科技集团公司，2010 年在北京航空航天大学获博士学位。

包为民历任中国航天科技集团公司一院十二所副组长、副主任、副所长，曾任型号控制系统主任设计师、型号副总设计师、总设计师，现任中国航天科技集团公司科技委主任。兼任丰台区科协主席，中国惯性技术学会理事长，第十一、

图 1.92 包为民

十二届全国政协委员。

包为民是我国航天运载器及控制系统领域的学术带头人，为我国国防现代化建设做出了突出贡献，获得国家科技进步奖特等奖 1 项、一等奖 1 项，国防科学技术奖一等奖 2 项、二等奖 1 项，第二届国防科技工业杰出人才奖等奖项。

2005 年，包为民当选为中国科学院院士。

1.4.15　王巍

王巍（图 1.93）是我国导航、制导与控制专家。中国航天科技集团公司第九研究院研究员，现任中国航天科技集团九院十三所所长。1966 年出生于陕西省汉中市。1988 年本科毕业于北京航空航天大学自动控制系，1991 年获该校硕士学位，1998 年于中国运载火箭技术研究院获博士学位。

王巍长期从事光纤陀螺与惯性系统等新型惯性技术研究工作。提出光纤陀螺新技术体制，系统阐述了误差机理及其抑制方法；在国内率先主持研制出宇航长寿命光纤陀螺组合并实现空间应用，提出光电一体小型化光纤陀螺惯性

图 1.93　王巍

系统方案，解决了航天飞行器制导与控制相关的一系列关键技术难题；提出并实现了光纤电流、电压互感器工程化技术方案。获国家技术发明奖二等奖 2 项、国家科技进步奖二等奖 1 项、何梁何利科技进步奖、中国专利金奖等。

2013 年，王巍当选为中国科学院院士。

第2章 惯性导航系统的"心脏"
——陀螺仪和加速度计

❧ 2.1 从惯性导航系统的原理看陀螺仪和加速度计的作用

惯性导航系统通过加速度计实时测量载体运动的加速度，经积分运算得到载体的实时速度和位置信息。图2.1是一个在地球表面运动载体的惯性导航系统原理图。假设在载体内部有一个导航平台（物理平台或数学平台），取XOY为导航坐标系，将两个加速度计A_X、A_Y的测量轴分别稳定在OX轴和OY轴方向上，分别测量沿两个轴向的加速度a_X和a_Y，则载体运动的速度和位置分量分别计算如下

$$v_X = v_{X_0} + \int_0^t a_X \mathrm{d}t$$

$$v_Y = v_{Y_0} + \int_0^t a_Y \mathrm{d}t$$

$$X = X_0 + \int_0^t v_X \mathrm{d}t$$

$$Y = Y_0 + \int_0^t v_Y \mathrm{d}t$$

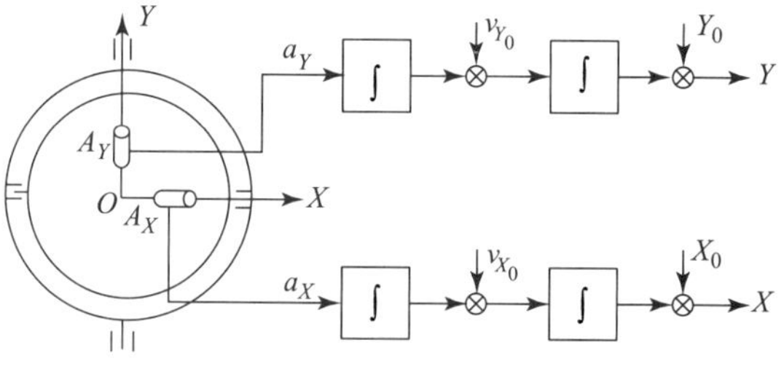

图2.1 二维平面上惯性导航系统原理框图

神奇的惯性世界

式中，v_{X_0} 和 v_{Y_0}、X_0 和 Y_0 分别为载体的初始速度和初始位置。

从原理上看，加速度计测量的是其敏感轴向上的比力，如何在运载体运动（平动、转动）过程中，保证加速度计的输出是沿导航坐标系的，是实现准确导航定位的基础，这就需要建立坐标基准，而这一过程是通过陀螺仪来实现的，其原理示意图如图 2.2 所示。

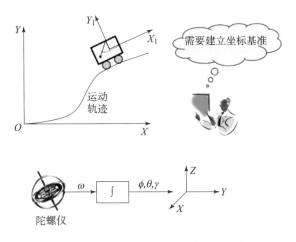

图 2.2　空间三维惯性导航系统原理示意图

要保证加速度计的输出沿导航坐标系有两种途径：第一种途径是利用陀螺稳定平台建立一个相对某一空间基准的三维空间导航坐标系，以解决加速度计输出信号测量基准的问题，即采用陀螺稳定平台来始终跟踪所需要的导航坐标系，陀螺稳定平台由陀螺仪来控制，加速度计安装在陀螺稳定平台上；第二种途径是通过不同坐标系之间的变换，解决加速度计输出的指向问题，即将加速度计和陀螺仪都直接固联安装在运载体上，陀螺仪的输出角速度信息用来解算运载体相对导航坐标系的姿态变换矩阵，经姿态变换矩阵将加速度计的输出变换至导航坐标系，相当于建立了一个数学平台。因此，惯性导航系统是以陀螺仪和加速度计为敏感元件，根据陀螺仪的输出建立导航坐标系，根据加速度计的输出并结合初始运动状态，推算出运载体的瞬时速度和瞬时位置等导航参数的解算系统。由此可见，陀螺仪和加速度计是惯性导航系统的心脏！

🌀 2.2　初识陀螺仪

2.2.1　什么是陀螺仪

早在 17 世纪，在牛顿生活的年代，对于高速旋转刚体的力学问题已经有了比较深入的研究，奠定了机械框架式陀螺仪的理论基础。1852 年，法国物理学家傅科为了验证地球的自转，制造了最早的傅科陀螺仪，并正式提出了"陀螺"这个术语。但是，由于当时制造工艺水平低，陀螺仪的误差很大，无法观察、验证地球的自转。到了 19 世纪末 20 世纪初，电动机和滚珠轴承的发明，为制造高性能的陀螺仪提供了有力的物质条件。同时，航海事业的发展推动陀螺仪进入了实用阶段。

在航海事业蓬勃发展的 20 世纪初期，德国探险家安休茨想乘潜艇到北极去探险，他于 1904 年制造出世界上第一个航海陀螺罗经，开辟了陀螺仪表在运动物体上指示方位的道路。与此同时，德国科学家舒勒创造了"舒勒调谐理论"，这成为陀螺罗经和导航仪器的理论基础。

中国是世界文明发达最早的国家之一，在陀螺技术方面，我国也有很多发明创造。比如在传统杂技艺术中表演的快速旋转的转碟节目，就是利用了高速旋转的刚体具有稳定性的特性。在将高速旋转的刚体支承起来的万向架的应用方面，西汉末年，就有人创造了与现在万向支架原理完全相同的"卧褥香炉"。这种香炉能"环转四周而炉体常平，可置被褥中"。实际上是把这种香炉放在一个镂空的球内，用两个圆环架起来，利用互相垂直的转轴和香炉本身的质量，在球体做任意滚动时，香炉始终保持平稳，而不会倾洒。

随着航空事业的发展，到了 20 世纪 30 年代，航空气动陀螺地平仪、方向仪和转弯仪等已经被制造出来了。在第二次世界大战末期，陀螺仪作为敏感元件被用于导弹的制导系统中。特别是 20 世纪 60 年代以来，随着科学技术的发展，为了满足现代航空、航海特别是宇宙航行的新要求，相继出现了各种新型陀螺仪。目前，陀螺仪正朝着超高精度、长寿命、小体积和低成本等方向发展。

那么，究竟什么是陀螺仪呢？传统的陀螺仪定义是：对称平衡的高速旋转刚体（指外力作用下没有形变的物体），用专门的悬挂装置支承起来，使旋转的刚体能绕着与自转轴不相重合（或不相平行）的另一条（或两条）轴转动的专门装置。其中，陀螺仪的对称轴亦即自转轴，称为陀螺主轴。研究这类陀螺运动特性的理论就是动力学中刚体绕定点运动的动力学理论。

传统陀螺仪的定义包括了一大类陀螺仪，称为机械转子式陀螺仪，如框架式陀螺仪、液浮陀螺仪、挠性陀螺仪、静电陀螺仪等，都是依靠转子的高速旋转来实现角速度信息的测量。

随着相关技术的发展，多种新原理的陀螺被研制出来，它们具有崭新的特性，使陀螺仪家族的阵营在不断扩大。我们把能自主地测量物体角速度或角位移的器件也称为陀螺仪，包括光学陀螺仪、振动陀螺仪、硅微机械陀螺仪等。

2.2.2 陀螺技术的百年发展历史

自 Sperry 发明了全球第一个实用的陀螺仪至今，陀螺技术已经经历了近百年的发展。

图 2.3 为陀螺技术百年发展史的简单回顾，它们大致可分为以下三个阶段：

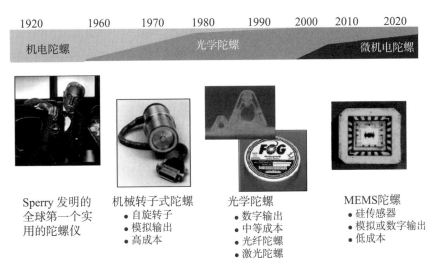

图 2.3 陀螺技术 100 年的发展

• 阶段 I ——机械转子式陀螺阶段

始于 20 世纪 40 年代，当时代表性的应用是在第二次世界大战末期德国研制的 V – 2 导弹上。不管哪种机械转子式陀螺，其基本工作原理都是依据牛顿第二定律（$F = ma$）。传统的机械转子式陀螺的发展过程，可以说是与框架支承干扰力矩作斗争的过程。此后很长一段时间，提高陀螺性能的主要难题是如何克服作用在陀螺框架轴上的各种外干扰力矩，从而保持其旋转轴在空间的精确指向。根据这一思路，人们先后研制成功了液浮陀螺、静压气浮陀螺、动压气浮陀螺、三浮陀螺以及静电陀螺等。图2.4给出了各类机械转子式陀螺仪的外观照片。

（a）　　　　　　　　　　（b）　　　　　　　　　　（c）

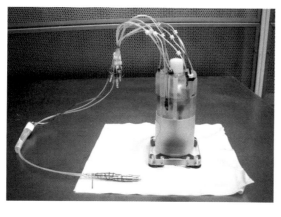

（d）　　　　　　　　　　　　　　　　　　　（e）

图 2.4　各类机械转子式陀螺仪

（a）动力调谐陀螺；（b）静压气浮陀螺；（c）静压液浮陀螺；（d）静电陀螺；（e）液浮陀螺

- 阶段Ⅱ——光学陀螺阶段

20世纪60年代末70年代初，微型计算机技术开始被引入惯性导航系统，出现了把陀螺仪直接固联在运动载体上的捷联式惯性导航系统。捷联式惯性导航系统采用数学平台来代替原来的物理平台，早期捷联式惯性导航系统采用的陀螺仪的典型代表是动力调谐陀螺仪。

光学陀螺作为崭新原理的全固态陀螺，它是根据爱因斯坦相对论原理（$E = mc^2$）研制成功的。20世纪70年代中期，环形激光陀螺仪问世，这是陀螺历史上最大的技术进步；20世纪80年代中期，干涉型光纤陀螺仪研制成功。激光陀螺和光纤陀螺的研制成功，开拓了光学陀螺导航新时代的到来。光学陀螺这一称谓是从机械转子式陀螺延续下来的，它实际上是一种角速率传感器。光学陀螺作为一种性能非常优良的惯性传感器，它的地位提升应归功于捷联式惯性导航系统的出现，反之，也正是由于它的研制成功，才使捷联式惯性导航系统走向实用。

目前，光学陀螺主要包括环形激光陀螺和干涉型光纤陀螺两大类（图2.5），它们是捷联惯性导航系统的理想元件，已被应用到几乎各种类型的惯性导航系统中。

（a）   （b）

图2.5　光学陀螺

（a）激光陀螺；（b）光纤陀螺

- 阶段Ⅲ——微机械陀螺阶段

20世纪80年代中期，出现了微机械陀螺。它是采用微米/纳米技术，在不足1毫米见方的硅芯片上，采用类似半导体加工技术的微电子工艺进行加工而成的。由于采用了成熟的半导体加工技术，这种陀螺从概念提出到批量投产，仅用了五六年时间。

微机械陀螺又称MEMS陀螺，它与其他振动陀螺一样，都是基于哥氏效应原理工作的。低成本微机械陀螺的研制成功，使得惯性导航系统的应用领域大为扩展，许多以前不能实现的应用变为现实，在军用方面尤其加速了战术武器制导化的进程。

2.2.3　陀螺仪的分类及评价

陀螺漂移是陀螺仪性能高低的主要表征。陀螺漂移是由于制造上的缺陷及干扰产生的偏离稳定的输出，用度/小时表示。

按照精度性能，陀螺仪可分为以下三类：

• 高精度陀螺（惯性级）

陀螺漂移率优于0.001度/小时（1σ），主要用于洲际导弹、核潜艇、远程运载火箭、战略轰炸机等战略武器。

• 中精度陀螺（导航级）

陀螺漂移率优于0.01度/小时（1σ），用于战术飞机、水面舰船、先进战车以及各类新型导弹等的导航与制导。

• 低精度陀螺（速率级）

陀螺漂移率为0.1~1度/小时（1σ），用于工作时间较短的、精度要求相对较低的惯性系统，如各类战术武器、各种稳瞄平台、无人运载器、飞机航姿系统等。

以漂移率优于0.01度/小时（1σ）的导航级陀螺为例，它能使用户获得大约1海里/小时的位置精度和1毫弧度的方位精度。而漂移优于0.01度/小时的概念是，它必须能测量1/1 000的地球自转角速率（地球自转角速率为15.041 1度/小时）。这意味着，这种仪表应能测量相当于每3年（几乎1 000天）旋转1圈的物体的旋转角速度。如果是在捷联式惯性导航系统的机械编排下，它还必须能测量运载体全部的旋转角速率，这个角速率可能是3 000度/秒（约10^7度/小时）或更高。因而，导航级陀螺必须具有$10^{-2} \sim 10^7$度/小时的动态范围，跨度约为9个数量级。大多数导航系统还要求这种测量非常频繁地进行，为100~200次/秒。如此苛刻的要求就是陀螺仪表如此复杂和昂贵的原因。

2.2.4　影响陀螺性能的最大"杀手"——陀螺漂移

在我们设计惯性导航、制导设备时，首先要考虑的是选择什么样的陀螺仪。除了陀螺的原理外，一般会关心以下性能参数，如精度、可靠性、使用条件、环境适应性、物理参数、结构参数、使用寿命以及价格等。陀螺仪作为一种精密仪器，精度是其最重要的一项性能指标。衡量陀螺仪精度高低的指标又是什么呢？这就是陀螺漂移。

对于机械转子式陀螺仪，最基本的元件包括：

（1）陀螺转子及其驱动元件

为了使陀螺仪具有一定的动量矩 H，就要求陀螺转子具有一定的转动惯量 J 和一定的角速度 Ω。为了保证陀螺转子持续高速旋转，必须采用电动机来驱动它。

（2）万向支架

机械转子式陀螺仪中的万向支架包括内框架和外框架。它们必须设计成对称形状，很轻巧，不变形。目前一般都采用铝合金或镁合金制成。支持框架的轴承，必须尺寸小、位置稳定、摩擦力矩小，通常采用精密的微型滚珠轴承、液浮支承、气浮支承、静电支承以及挠性支承等。

（3）力矩器

为了使陀螺仪的主轴进动到某个位置（如地球的子午面、水平面或其他某一特定方位），就需要对陀螺仪施加外力矩，因此，在陀螺仪中应装设力矩器。力矩器是一种将输给它的电信号变换为力矩的机电转换器。它在结构原理上与电动机的相似，但是工作方式不同。

（4）角度传感器

当陀螺仪中的内框架相对于外框架，或外框架相对于基座（或仪表壳体）之间出现转动时，就必须依靠信号器把转角检测出来，并变换成电信号输出，一般采用电感式、电阻式、电容式和光电式角度传感器。

我们可以这样来理解漂移：理想的陀螺，其转子轴相对惯性空间是稳定的，也即始终指向某一方向。但是，由于设计上的不完善、制造上的缺陷、使用中存在各种干扰力矩等，都会使陀螺产生较小的进动，逐渐偏离初始位置，破坏陀螺的稳定性，最终导致误差的产生，而且这一误差还将随时间增长而积累。

引起陀螺漂移的力矩可以分为两大类：有规律性（确定性或系统性）的力矩和随机性的干扰力矩，相应地，陀螺漂移也可分为系统性漂移与随机漂移两类。系统性漂移是由有规律的力矩造成的，由于这类力矩有规律可遵循，因而可以对它进行调整或补偿。随机漂移是由随机性质的干扰力矩引起的，如轴承的噪声、摩擦、温度梯度等引起的干扰力矩所造成的陀螺漂移就属于这种性质。这种力矩没有确定的规律性，因此不能用简单的方法进行补偿，一般是用大量的漂移测试试验数据做统计分析来确定。显然，漂移角速率越小，陀螺精度越高。

纵观陀螺仪近百年的发展史，实际上就是一部设计者们力图减小陀螺漂移的奋斗史。

2.3　陀螺仪的工作原理与特性

2.3.1　机械转子式陀螺仪的"怪脾气"——定轴性与进动性

机械转子式陀螺仪由于其转子的高速旋转，这种能绕定点转动的刚体（图2.6）呈现出了与不转动的一般刚体完全不同的力学特性，即定轴性和进动性。正是这些特性，使得这类陀螺仪被用于研制导航和制导的仪器仪表。

所谓定轴性，是指当没有任何外力矩（力矩＝力×力臂）作用在高速旋转的陀螺仪上时，它的转轴在惯性空间的指向保持稳定不变。如图2.7所示，陀螺依靠旋转来保持轴线方向不变的稳定能力就是陀螺定轴性的体现。

图2.6　陀螺仪的形象结构

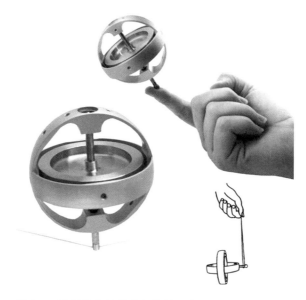

图2.7　陀螺依靠旋转来保持轴线方向不变的稳定能力

所谓进动性，指当有外界力矩作用在陀螺上时，陀螺会产生"十字交叉"的特殊运动，即其运动角速度的大小和方向与外加力矩的大小和方向有严格的对应关系，这就是陀螺仪的进动。图2.8形象地说明了陀螺的进动性。

图2.8（a）是一个转子静止的陀螺，如果在它的内环上挂一重物，内环就将失去平衡，转子连同内环一起在此重物作用下绕内环轴转动一个角度。如果使转子高速旋转后再挂一重物，如图2.8（b）所示，奇异的现象出现了，那就是转子和内环不再绕内环轴转动，而是与外环一起，绕外环轴转动起来。陀螺的这种不顺从外力的特性就是进动性。

图2.8（b）中用右手定则画出了陀螺的角速度向量和外力矩向量的方向。理论推导和实验均证明：在外力矩的作用下，陀螺转子轴（即角动量的方向）总是要沿着最短的路径朝外力矩向量方向转动，并力图使这两个向量相重合。但陀螺转子轴永远跟不上外力矩向量，因此，转子轴就不断进动，弧形箭头方向即陀螺的进动方向。

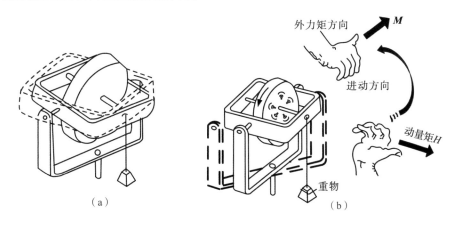

图2.8 陀螺仪的进动性

定轴性和进动性是机械转子式陀螺仪非常重要的两个物理特性，这两个特性使得其既具有相对惯性空间保持指向不变的能力，又具有按照要求的规律相对惯性空间转动的能力，所以，这类陀螺仪既能够用来模拟坐标轴的指向，也可以用来测量角速度和角度，陀螺稳定平台就是充分利用机械转子式陀螺仪这两个特性的最好实例。

以陀螺仪为敏感元件，能隔离基座的角运动并能使被控对象按指令旋转的机电控制系统称为陀螺稳定平台。稳定和修正是陀螺稳定平台的两个基本功能：稳定作用即是隔离运载体的角运动，通过稳定系统产生的稳定力矩来抵消运载体运动对平台的干扰力矩，阻止平台相对惯性空间转动，如船舶上的同步卫星接收天线，在船舶受风浪作用而摇摆时，通过平台的稳定作用使天线始终能够指向同步卫星；修正作用即是控制平台按照所需要的角运动规律相对惯性空间运动，如检测火箭发射的地面光学跟踪系统，通过稳定平台的修正作用使光轴始终跟踪观察点与火箭的连线，尽管该连线的指向是在不断地变化着的。当陀螺稳定平台要模拟当地水平面时，平台在保持稳定的同时，还必须进行修正，以跟踪当地水平面相对惯性空间的运动。

2.3.2 光学陀螺的工作原理——Sagnac 效应

光学陀螺的工作原理最早是在 1913 年由法国物理学家萨格奈克（Sagnac）提出的，他建议采用环形光路的干涉仪来测量角速度，这一原理被后人称为萨格奈克效应。图 2.9 为萨格奈克效应示意图，图 2.10 为萨格奈克效应图解。由图可见，在闭合的光环路中有顺时针和逆时针的两束光独立传播，当光环路相对惯性空间静止不动时，两束光传播的光程长度是相同的。如果光环路围绕其垂直面有转动，顺、逆两束光传播的光程长度就会发生变化，使两束光发生相位移动，进而产生光的干涉条纹，据此干涉条纹，就可以测出旋转角速度的大小。

图 2.9　萨格奈克效应示意图

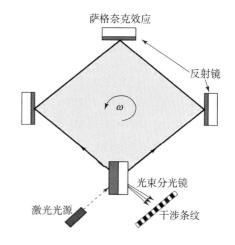

图 2.10　萨格奈克效应图解

1925 年，科学家们做了一个实验，即用光干涉仪来测量地球自转角速度。

当时采用的是普通光，供实验用的闭合光路有一个足球场大，但两束光的光程差却小到根本无法测量。直到 1962 年采用相干光源的激光器问世，激光在环形谐振腔内会产生增益并构成激光振荡器，从而极大地提高了对转动角速度测量的灵敏度，也才使得萨格奈克效应开始真正进入应用领域。1963 年，世界上第一个激光陀螺样机（图 2.11）研制成功。

图 2.11　世界上最大的测量地球自转的激光陀螺

2.3.3　振动陀螺的工作原理——哥氏效应

哥氏效应是振动陀螺仪工作的基本原理。要了解哥氏效应，首先从哥氏加速度和哥氏力说起。哥氏加速度是一种表观加速度，它以一种参考坐标系来表示，并且和旋转角速率成正比。哥氏加速度定义为

$$a_{\mathrm{cor}} = 2\boldsymbol{\omega} \times \boldsymbol{v}$$

式中，$\boldsymbol{\omega}$ 为牵连角速度；$\boldsymbol{v}$ 为质点相对于转轴的径向速度。哥氏加速度来自物体运动所具有的惯性，是由质点不仅做圆周运动，而且同时也做径向运动或周向运动所产生的。图 2.12 给出了哥氏加速度的原理解释。我们知道，当速度矢量 $\boldsymbol{v}$ 的大小或方向发生变化时，说明相对速度 $\boldsymbol{v}$ 有一个加

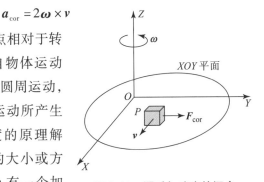

图 2.12　哥氏加速度的概念

速度存在。当牵连运动是转动时，即牵连角速度 $\boldsymbol{\omega}$ 使相对速度 $\boldsymbol{v}$ 的方向发生了变化，而相对速度 $\boldsymbol{v}$ 又会使牵连转动 $\boldsymbol{\omega}$ 产生的牵连速度 $\boldsymbol{v}_\mathrm{e}$ 的大小产生变化，两者相互影响，都会产生附加的加速度，即 $\boldsymbol{a}_\mathrm{cor}$。

为了描述旋转体系的运动，需要在运动方程中引入一个假想的力，这就是哥氏力，也称为科里奥利力。哥氏力是以牛顿力学为基础的，引入哥氏力之后，人们就可以像处理惯性系中的运动方程一样简单地处理旋转体系中的运动方程，这大大简化了旋转体系的处理方式。从物理学的角度考虑，哥氏力与离心力一样，都不是真实存在的力，而是惯性作用在非惯性系中的体现。哥氏力计算公式如下：

$$F_\mathrm{cor} = -m\boldsymbol{a}_\mathrm{cor} = 2m\boldsymbol{v} \times \boldsymbol{\omega}$$

可见，哥氏加速度的方向与哥氏力的方向相反。这是因为，哥氏加速度是在惯性系中观察到的，由作用力产生；而哥氏力则是在转动的参考系中观察到的，它产生的加速度是相对于非惯性系而言的，不能认为哥氏加速度是由哥氏力产生的。

除此之外，哥氏力具有广泛的应用。由于自转的存在，地球并非一个惯性系，而是一个转动参照系，因而地面上质点的运动会受到哥氏力的影响。地球科学领域中的地转偏向力就是哥氏力在沿地球表面方向上的一个分力。地转偏向力有助于解释一些地理现象，如北半球由南向北流动的河流，其河道的一边往往比另一边冲刷得更厉害，右岸比较陡峭，左岸比较平坦。傅科摆也是基于哥氏力的作用工作的。

2.4 陀螺仪"大阅兵"——主流陀螺仪简介

2.4.1 框架陀螺仪

通常把由高速转子构成的陀螺称作框架陀螺仪或滚珠轴承陀螺仪。它们利用滚珠轴承支撑旋转的转子来获得陀螺特性。由于滚珠轴承依靠直接接触，摩擦力矩大，因而精度不高（漂移率为每小时几度），但工作可靠，迄今还用在精度要求不高的场合。图 2.13 为一种框架陀螺仪的结构示意图。

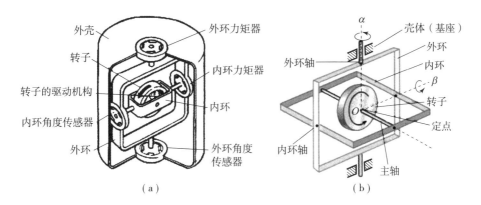

图 2.13　框架陀螺结构示意图

2.4.2　液浮陀螺仪

提高框架陀螺精度和可靠性，最有效的手段是改变支承方式，减小干扰力矩。20 世纪 20 年代初，美国德雷珀实验室应用液浮技术研制成功了液浮陀螺仪，其结构（图 2.14（a））与框架陀螺的基本相同，只是内环做成了密闭的球形（称为浮子），转子、陀螺电动机和主轴承等被密封在其中，并被置于密度均匀的浮液中，浮子两端用宝石轴承支承和定位（图 2.14（b））。

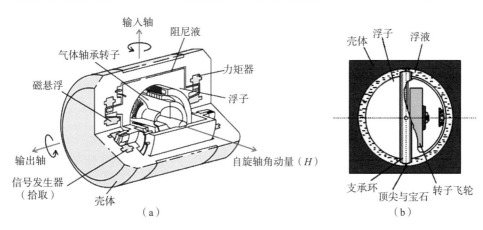

图 2.14　液浮陀螺结构简图

（图片来源：http://jpkc.nwpu.edu.cn/jp2008/04/Electronicbook/4/4.1.html）

由于浮力的作用，轴承处的正压力接近于零，因此，液浮陀螺比框架陀螺在精度上高几个数量级。但利用浮力支承时，尚不能很好地解决定位问题。为弥补这一不足，通常在液浮的基础上增加磁悬浮，使轴尖与枢轴脱离接触，摩擦力矩减小了几个量级。后来，陀螺电动机支承由滚珠轴承改为气体轴承，既减小了轴承噪声，又延长了陀螺寿命。现代高精度的液浮陀螺通常采用惯性级铍材制造，同时采用液浮、气浮、磁悬浮技术，又采取精密温控和直流永磁电动机等措施，陀螺精度达到 $10^{-3} \sim 10^{-4}$ 度/小时，寿命达到数万到数十万小时，主要应用于高精度的惯性导航、制导平台中。

2.4.3 静电陀螺仪

1952 年，美国率先提出用高电压产生的静电场把转子支承起来，这种陀螺就被称作静电陀螺仪。直到 1964 年，静电陀螺才真正成为惯性导航系统中精度最高的一种惯性元件。静电陀螺仪采用非接触支承，不存在摩擦，所以精度可高达 1×10^{-7} 度/小时。目前静电陀螺仪已被成功应用于核潜艇、战略轰炸机和航天飞机等惯性系统中。

静电陀螺结构如图 2.15 所示，球形转子靠驱动电动机带动而高速旋转，由相互垂直的 3 对电容极板与球形转子间的强电场产生的静电吸力，使陀螺球悬浮在内腔体的中心。由于静电场仅有吸力，转子离电极越近，吸力越大，这就使转子处于不稳定状态，为此，用一套支承电路来改变转子所受的力，它可使转子保持在中心位置。图 2.16 为镀膜前、后静电陀螺仪的转子照片。

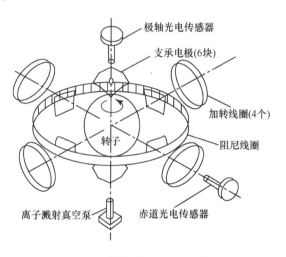

图 2.15　静电陀螺原理结构简图

（a）

（b）

图 2.16　镀膜前和镀膜后的静电陀螺仪转子

制造静电陀螺的技术难点很多，主要有：

➤ 为实现转子悬浮，需施加几千伏的高压；

➤ 为防止高电压下的电击穿，并保证支承具有足够刚度，陀螺内腔必须工作在高真空条件下；

➤ 为使静电场能支承起高速旋转的转子，转子必须是质量很轻、几何形状极其精确的空心球形薄壳结构，其材料特殊（如金属铍），加工工艺极其复杂；

➤ 为保证相对电极间的吸力相等，使球形转子稳稳地保持在球碗中心位置，需设计一套可靠的支承控制系统。

2.4.4　挠性/动力调谐陀螺仪

转子被安装在弹性支承装置上的陀螺仪称为挠性陀螺仪。为提高陀螺精度，就要减小框架支承上的摩擦干扰，研究人员另辟蹊径，用柔性的接头来代替传统的框架支承，从而发明了挠性陀螺仪。挠性陀螺的转子不是由电动机来直接驱动的，而是靠驱动杆上的细颈轴。如图 2.17（a）为细颈式挠性陀螺仪结构示意图。细颈轴相当于一个万向接头，它允许转子前后、左右摆动，并进行力的传递，以使转子在转轴带动下高速旋转。这种陀螺用一个挠性接头代替了万向支架，避免了许多干扰力矩的产生，从而提高了陀螺的精度。细颈式挠性陀螺的最大缺点是会产生过大的弹性力矩。由于挠性陀螺不需要浮液，因而也被称为干式陀螺。

动力调谐陀螺是应用最广的一种挠性陀螺，其基本构造如图 2.17（b）

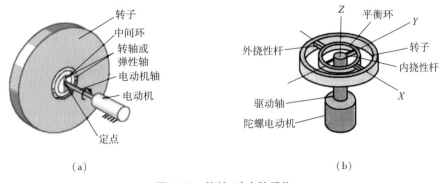

（a）　　　　　　　　　　　　　　　　　　（b）

图 2.17　挠性/动力陀螺仪

（a）细颈式挠性陀螺仪结构示意图；（b）动力调谐陀螺仪挠性接头示意图

所示。它不再采用细颈式接头，而是由两对彼此垂直的弹性扭杆和一个平衡环组成，靠平衡环扭摆运动时产生的动力反作用力矩（即陀螺力矩）来平衡挠性杆支承所产生的弹性力矩，从而使转子成为一个无约束的自由转子，这种平衡就是调谐。

动力调谐陀螺仪的漂移率为 $5 \times 10^{-3} \sim 2 \times 10^{-3}$ 度/小时，由于它结构简单，造价相对便宜，从 1967 年后逐步获得应用，首先被用于飞机和导弹的惯性系统中。在激光陀螺真正进入实用之前，动力调谐陀螺仪是应用最为广泛的一种主流陀螺仪。

2.4.5　环形激光陀螺仪

激光陀螺的结构和原理与以上所介绍的几种陀螺的完全不同，它实际上是一种环形激光器，没有高速旋转的机械转子，而是利用激光技术来测量物体相对于惯性空间的角速度，具有实际上的速率陀螺仪的功能。图 2.18（a）为激光陀螺原理简图。实际上的激光陀螺结构是由封闭式谐振腔体构成的环形激光器、反射镜、半透半反镜、合光棱镜、光电检测器、供电电源以及磁屏蔽外壳等部分组成。图 2.18（b）为激光陀螺结构简图。

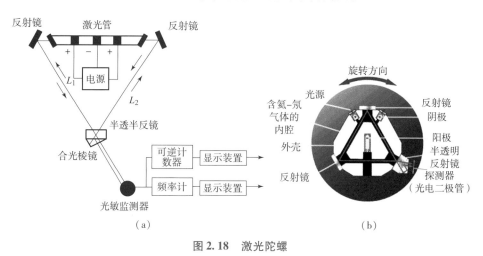

图 2.18　激光陀螺

（a）激光陀螺原理简图；（b）激光陀螺结构简图

激光陀螺由于其工作原理而存在"闭锁区"。所谓闭锁区，指的是在低输入速率下陀螺输出特性呈现非线性，即出现不敏感区。克服激光陀螺的闭锁区，是使其从理论走向实用的关键所在。设计人员已成功研制出各种克服闭锁的偏频技术（如机械抖动式偏频、磁镜式偏频、四频差动式偏频），并将其应用到各种类型的激光陀螺中。

激光陀螺看上去很像一块光芒四射的钻石（图 2.19～图 2.21），它是现代科技的光辉结晶。

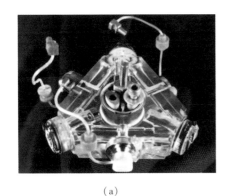
（a）

（b）

图 2.19　三角形机械抖动式激光陀螺

图 2.20　四边形零闭锁激光陀螺

图 2.21　三轴整体式激光陀螺

激光陀螺从实验室到真正进入生产阶段，走过了 20 年的漫长历程。通过以下三大关键技术上的重大突破，使激光陀螺的性能较研制初期提高了 2 个数量级，并解决了使用寿命问题：

➤采用零膨胀系数石英玻璃作为激光腔体和反射镜基片的材料；

➤采用硬涂覆工艺解决反光镜多层介质膜的镀膜技术；

➤采用光胶连接和接触焊的密封方法避免气体的污染和泄漏。

激光陀螺具有可靠性高、寿命长、动态测量范围大、启动快、功耗低、耐冲击、抗过载能力强、直接数字输出等优点，是捷联式惯性导航系统的首选元件。激光陀螺的精度普遍可达到 0.01 度/小时，零闭锁激光陀螺性能可优于 0.001 度/小时。

2.4.6　干涉型光纤陀螺仪

20 世纪 70 年代，利用光的全反射原理制成的光导纤维（简称光纤）迅速发展，促使人们构想采用多匝光纤线圈制成供激光传播的环路，来取代激光陀螺的谐振腔。如果将光束沿光纤传播，就省却了技术难度很大的激光陀螺谐振腔体和反射镜的加工；光纤可以绕成许多圈，从而很容易将光路面积增加成百上千倍，以实现提高陀螺灵敏度的目的。在激光陀螺开始研制后的 20 年，同样以萨格奈克效应为基础的光纤陀螺问世了。

图 2.22 为光纤陀螺的工作原理，由图可见，光纤陀螺由两大部分组成：光学部分和信号处理电路部分。光学部分包含光电子器件和光纤器件。按照光纤陀螺光学系统的构成，目前进入实用的光纤陀螺主要有两类：全光纤型（图 2.23）和使用集成光学器件的集成光学器件型（图 2.24）。后者是把除光源和光纤线圈以外的光学分立元件全部组合在一起，构成集成光学器件，从而简化了光纤陀螺的结构，极大地提高了光纤陀螺的可靠性，并进一步缩小了体积，降低了成本。而实现这一点的技术基础是大规模集成光路技术在近年来的发展。由于集成光学器件在信号处理中可以采用数字闭环技术，易于实现高精度和高稳定性，所以是目前最常用的光纤陀螺构成模式。图 2.25 为干涉型光纤陀螺的组成示意图，其中实线为光路，虚线为电路。

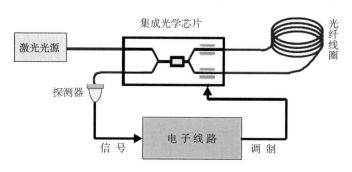

图 2.22　光纤陀螺工作原理

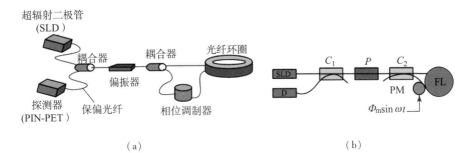

图 2.23　全光纤陀螺示意图

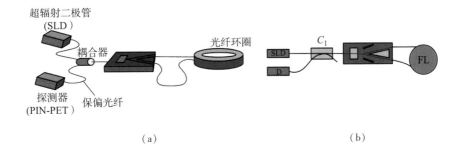

图 2.24　集成光学器件光纤陀螺示意图

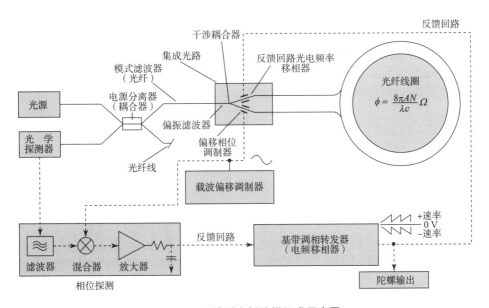

图 2.25　干涉型光纤陀螺组成示意图

第❷章　惯性导航系统的『心脏』——陀螺仪和加速度计

101

PAGE

光纤陀螺与激光陀螺的性能比较：

➢ 光纤陀螺没有激光陀螺某些固有的缺点，如气体、反射镜以及低速率下的闭锁，因而是相同性能的激光陀螺的替代品；

➢ 激光陀螺的光路被保持在一个坚硬的构件中，而光纤陀螺的光路在光纤中，因而光纤陀螺对环境效应（如温度变化）敏感得多；

➢ 激光陀螺相比光纤陀螺具有更高的标度因数稳定性；

➢ 由于玻璃体积的弯曲损耗限制了封装件的紧凑性，而且很难获得线性的标度因数性能，因而制作小尺寸、低成本的激光陀螺比较困难。

总的来说，光纤陀螺的出现对激光陀螺构成了强有力的挑战，其性能正在从早期的速率级、战术级走向今日的惯性级。近年来，表征光纤陀螺精度的角度随机游走性能已接近 10^{-4} 度$/\sqrt{\text{小时}}$，这表明光纤陀螺已进入战略级研制阶段，有望在不久的将来取代静电陀螺。从长远看，随着光纤通信技术、集成光学技术和光纤传感器技术的发展，更多的先进科技成果将被应用于光纤陀螺的研制中。

2.4.7 石英音叉式振动陀螺仪

20 世纪 70 年代中期，大量的振动陀螺开始问世，它们采用了不同形式和不同材料的谐振器、变换器，以及不同的谐振方式，形成了振动陀螺家族。

从历史上讲，振动陀螺的概念同机械转子陀螺几乎是同时出现的，但前者却远远没有达到与后者相同的成熟程度，主要是为获得高性能的振动陀螺，需要掌握复杂的信号处理技术。到 20 世纪末，数字信号处理技术取得重大进展，从而使得振动陀螺走向实用。

石英音叉式振动陀螺仪是采用振动石英调谐音叉来敏感角速率的一种固态陀螺。其基本工作原理是，将直流输入耦合到一个类似音叉的构件上使其产生振动（图 2.26），如果音叉绕对称轴以某个角速率转动，就会产生哥氏力，这个力将导致音叉绕对称轴做扭转振动，其大小与输入角速率

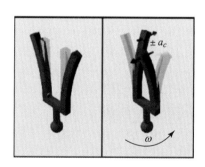

图 2.26　受力情况下的音叉振动

成比例。音叉构件再作为一种拾取器来产生输出信号，最后通过一套信号处理技术来实现对输入角速率的检测。

图 2.27 给出了石英音叉振动陀螺的基本结构。每个陀螺由一对调谐音叉组成，连同其支承挠性杆和底座一起，都是采用很薄的单晶压电石英材料通过 MEMS 技术做在一个芯片上，因而这种陀螺也被称为芯片陀螺。由于石英陀螺是用振动音叉来代替高速旋转的转子，因而其结构简单，可靠性高，寿命长。

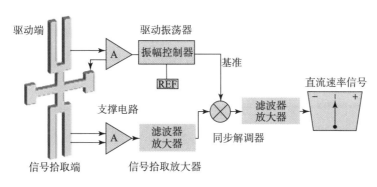

图 2.27   石英振动陀螺基本构成示意图

现在，石英音叉陀螺已成为适合于低精度应用场合的一种理想的、低成本的惯性传感器，被广泛用于汽车、军/民用飞机、战术导弹、舰船和空间运载器的各类运动测量中。

2.4.8   半球谐振陀螺仪

半球谐振陀螺又称"酒杯陀螺"，难道它与酒杯有"血缘"关系吗？早在 1890 年，英国物理学家布赖恩发现，当高脚酒杯被敲击时，不仅会出声，其边缘还会因挠曲变形而形成驻波。当酒杯绕其脚旋转时，由于驻波的惯性，便会相对于旋转滞后一个角度，只要精确测量驻波的位置，就能获得酒杯的旋转角度。大家知道，机械转子式陀螺是利用高速旋转的转子在惯性空间的定轴性来测量旋转角速度的，与其相比，这种发声的酒杯则是应用了驻波的惯性来测量旋转角度，这就是半球谐振陀螺仪的基本工作原理。

半球谐振陀螺仪作为一种振动陀螺，其真正的研制工作始于 20 世纪 60 年代末，第一项专利产生于 1979 年。这种陀螺最初演示验证时就达到 0.05 度/小时的高精度，其结构如图 2.28 所示，它主要由用熔凝石英加工制成的半球谐振子、传感器壳体和加力器壳体三大部件组成。

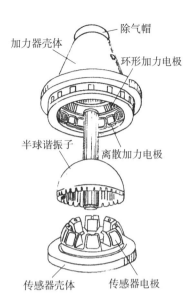

半球谐振子是用精密磨削方法加工制成的半球壳，在其边缘产生驻波。在加力器壳体的内表面，涂有两类加力电极：一圈环形的加力电极，通过对振子施加静电力而使它以自然频率谐振；另一类离散加力电极则通过施加直流电压来抑制正交振动。驻波位置通过电容传感器感测。这种陀螺涉及当今许多高新技术（如谐振子精细加工技术、球面微膜电极生长技术等），因此，从理论到制造工艺都有很高的要求。

半球谐振陀螺具有许多突出的优点，如结构紧凑、可在真空中工作、没有活动部件、对加速度几乎不敏感等，尤其可贵

图 2.28　半球谐振陀螺仪结构示意图

的是，在电源中断后，壳体振动还将持续十几分钟，这有助于使它不受辐射和电磁干扰的影响（如核爆炸的影响）。1996 年，以半球谐振陀螺为心脏的惯性导航系统首次被用到空间运载器中，此后，它们一直被用于各种各样的空间飞行器上，至今已有多套系统被用于各种空间任务。图 2.29 为供空间飞行器用的该类系统的一个产品。

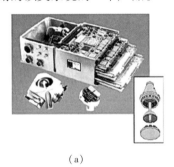

（a）

（b）

图 2.29　以半球谐振陀螺为心脏的惯性导航系统（a）和核心构件谐振子（b）

2.4.9　微机械陀螺仪

20 世纪 80 年代初，在微米/纳米（分别为 $10^{-6}/10^{-9}$ 米量级）技术这一

引人注目的前沿技术背景下，微机电系统（简称 MEMS）引起了人们广泛的
关注。经过多年的努力，1989 年采用 MEMS 技术的第一个微机械陀螺问世，
漂移率达 10 度/小时。它的出现是 MEMS 技术中具有代表性的一项重大成果，
更带来了惯性技术领域的一次新变革。

微机械陀螺即 MEMS 陀螺，也称为硅微陀
螺，它的制作是通过采用半导体生产中成熟的沉
积、蚀刻和掺杂等工艺，将机械装置和电子线路
集成在微小的硅芯片上完成的，最终形成的是一
种集成电路芯片大小的微型陀螺仪（图 2.30）。

图 2.30　MEMS 陀螺照片

所有的微机械陀螺都是非旋转装置，通过获
取一个振动机械元件上的哥氏加速度效应，实现
角速率检测。即一个验证质量在一个平面内做正弦振动，如果此平面以角速
率 Ω 旋转，那么哥氏力就会使该质量以垂直于该平面的方向做正弦振动，其
幅值正比于 Ω。对哥氏力所引起的运动进行测量，就可获得 Ω 的信号，这就
是微机械陀螺的基本工作原理。

已进入实用的微机械陀螺主要存在以下三种不同结构：框架式角振动陀
螺、音叉式梳状谐振陀螺和振动轮式硅微陀螺（图 2.31），这几种结构的陀
螺当前精度已达到 1 度/小时的量级。

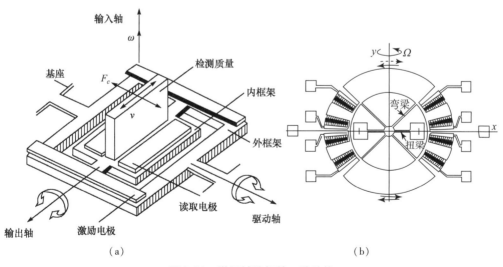

（a）　　　　　　　　　　　　　　　　（b）

图 2.31　微机械陀螺的三种结构

（a）框架式角振动陀螺；（b）音叉式梳状谐振陀螺

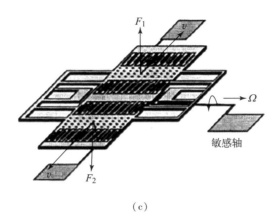

（c）

图 2.31　微机械陀螺的三种结构（续）

（c）振动轮式硅微陀螺

一旦工艺成熟，制造成千上万个硅微陀螺将与制造一个硅微陀螺一样的方便，这种大批量制造的特点使得硅微陀螺的生产成本大大降低，这是它的一个突出的优点。其他优点有：体积小，质量轻，功耗低，可靠性高，能承受高过载、高冲击等恶劣的动态环境。

目前，微机械陀螺和微机械加速度计还属于中、低精度范畴，它们的研制成功导致更多的军事和商业应用的出现。尤其在军事方面，它们将允许把制导、导航和控制引入以前未能考虑的一些武器系统中，典型的如各种制导炮弹和制导化弹药。

2.5　加速度计"大阅兵"

2.5.1　比力与比力测量

在日常生活中，运载体（飞机、火箭、舰船、车辆等）的运动是常见的。有运动，就会有位移和速度的变化，就会有加速度。

通常，将利用检测质量的惯性力或力矩来感受、输出运动物体线加速度或角加速度信息的装置称为加速度计。1942 年，德国在其发射的 V－2 火箭上首次将加速度计用于发动机的点火控制，这一事件开辟了惯性导航技术这一崭新的学科领域。加速度计是伴随着陀螺仪技术和惯性导航系统技术的发展而发展起来的。

加速度是物体运动的一种状态，加速度计是通过测量加速度产生的惯性力来得到加速度的，因此，加速度计实质上是测力计。加速度计测量的理论基础是牛顿定律。物体在宇宙空间，就不可避免地受到力的作用，地球引力作用称为重力，还有太阳、月球以及其他天体的引力作用。当物体加速运动时，就会产生惯性力。在加速度计工作过程中，惯性质量除受引力和惯性力作用外，还有非引力非惯性力的其他约束力作用在惯性质量上，如弹簧的弹性力、反馈控制电路作用的电磁力等，这些力与引力和惯性力相平衡。

分析运动载体的受力时，可以把载体所受的力 F 分为两部分：一部分是各种天体的引力 F_g，另一部分是作用于该物体的其他力，我们将其统称为非引力 f_m，即

$$F = F_g + f_m$$

若载体相对惯性空间的运动加速度为 a_i，根据牛顿第二定律，有

$$F = m a_i$$

式中，m 为载体的质量。此时有

$$F_g + f_m = m a_i$$

整理有

$$\frac{F_g}{m} + \frac{f_m}{m} = a_i$$

我们关心的是载体运动加速度 a_i，若能测得引力 F_g、非引力 f_m，容易得到加速度 a_i。但是，天体的引力实际上是无法直接测量的，而非引力部分则能通过一定的办法测出。我们赋予单位质量的物体受力中的非引力部分一个名词——比力，记为 f，有

$$f = \frac{f_m}{m} = a_i - \frac{F_g}{m} = a_i - G$$

式中，G 为单位质量物体所受的引力，即引力加速度。上式表明，作用于单位质量物体的比力向量等于该物体的绝对加速度与引力加速度向量之差。

在地球表面附近，引力主要是地球引力，故有 $G = g$，因此

$$f = a - g$$

图 2.32 是加速度计的基本力学模型，这种结构的加速度计也称为线加速度计。如图 2.32（a）所示，它一般由惯性测量质量 m（也称敏感质量）、支

撑弹簧、位移传感器、阻尼器和壳体组成。惯性检测质量借助弹簧支撑在仪表壳体内，阻尼器的一端也连接到壳体上。惯性检测质量受到支承的限制，只能沿敏感轴方向做线位移，这个轴也称为加速度计的输入轴。图 2.32（b）为加速度计感受载体运动加速度 a 时的工作状态示意图。敏感质量 m 的惯性力压缩弹簧，使之产生变形量 x。惯性力 ma 与弹簧的弹性力 kx 大小相等，方向相反，故通过测量位移量 x 即可获得加速度 a。

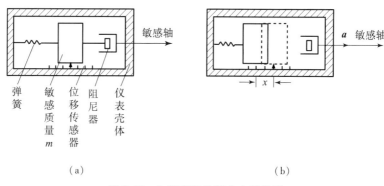

（a） （b）

图 2.32　加速度计的基本力学模型

（a）加速度计结构示意图；（b）加速度计工作状态示意图

对于图 2.32 所示的弹簧 – 质量系统，敏感质量的大小、阻尼及支承刚性间的关系决定了它的特性。考虑该系统对于沿弹簧轴作用力的响应，该作用力为惯性力、阻尼力及弹簧弹性力的合力，因此，敏感质量受力平衡方程为

$$m \frac{\mathrm{d}^2 x}{\mathrm{d}t^2} = C \frac{\mathrm{d}x}{\mathrm{d}t} + kx$$

式中，x——距敏感质量平衡位置的位移；

　　　C——阻尼系数；

　　　k——弹簧刚度。

如果加速度稳定，敏感质量位移也达到稳态时（任何初始瞬态振动已经消失），有

$$ma = m \frac{\mathrm{d}^2 x}{\mathrm{d}t^2} = kx$$

即惯性力被反向的弹簧力平衡，而 x 则是加速度大小的量测。

如果用金属膜片代替弹簧，用膜片与壳体间的电容作为传感器，就可以得到用位移指示加速度的开环加速度计。

加速度计有多种分类方法：按工作方式分类，有线位移式加速度计、摆式加速度计、振动式加速度计、光电式加速度计和陀螺摆式加速度计等；按支承方式分类，有机械支承加速度计、液浮加速度计、气浮加速度计、挠性加速度计、磁悬浮加速度计和静电加速度计等；按信号敏感方式分类，有电容式加速度计、电感式加速度计、压阻式加速度计、压电式加速度计和光电式加速度计等；按用途分类，有导航用加速度计、调平用加速度计、重力测量用加速度计、冲击测量用加速度计以及角加速度测量用加速度计等。

下面介绍几种典型的加速度计。

2.5.2　挠性加速度计

挠性加速度计是一种检测质量由挠性结构支承的加速度计，也是一种摆式加速度计，它的摆组件弹性地连接在某种类型的挠性支承上。挠性支承消除了轴承的摩擦力矩，当摆组件的偏转角很小时，由此引入的微小弹性力矩往往可以忽略，所以仪表精度得到提高。

图2.33所示为挠性加速度计结构原理图。挠性杆通常由铍青铜、石英和金合金等低迟滞、高稳定性的弹性材料制成，它沿输入轴方向具有非常小的刚度，一般用于加速度计的挠性支承有片簧式、圆柱挠性杆式和整体式三种类型。根据挠性支承的形式制成的加速度计有线位移式、单轴摆式和双轴摆式三种。其壳体内可以充有一定黏度的硅油为摆组件提供流体阻力，改善仪表的动态特性；或者采用电阻尼或充气压膜阻尼，形成"干式加速度计"，以实现小型化和降低成本。

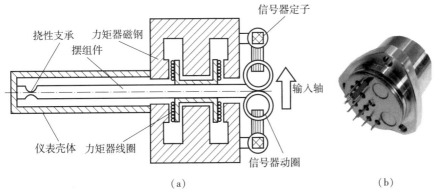

（a）　　　　　　　　　　　　　（b）

图2.33　挠性加速度计结构原理图（a）及实物照片（b）

挠性加速度计具有结构简单、可靠性高和加工装配简便等特点，其阈值（最小感量）可达到 $10^{-6}g$，月稳定性可达到 $10^{-5}g$，最大可测 $50g$ 的加速度，是一种高精度低成本的惯性元件。

2.5.3　液浮摆式加速度计

液浮摆式加速度计是将具有一定摆性的组件（浮子摆）悬浮在高密度的浮液中，并通过宝石轴承定中支承的一种加速度计。这种相对密度大的浮液对浮子摆产生浮力以减小支撑摩擦，并提供液体阻尼以减小动态误差。如图 2.34 所示，它一般由圆筒形或方盒形的浮子摆、角度传感器、力矩器、壳体和补偿热胀冷缩的波纹管等元件组成。当沿输入轴有加速度作用时，惯性力

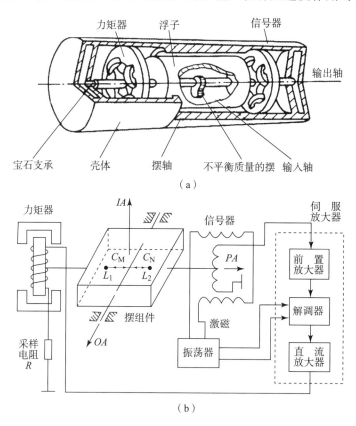

（a）

（b）

图 2.34　液浮摆式加速度计

（a）结构剖面图；（b）原理图

矩使浮子摆产生一个角位移，角度传感器就会输出一个与之成比例的电压信号，经伺服放大器放大，变成反馈电流施加于力矩器上，使其产生恢复力矩以平衡外力矩。在稳态时，反馈电流的数值大小即加速度的度量。为了减小温度的影响，它通常具有精密温度控制装置；为了减小宝石支撑上的摩擦力矩对加速度计的性能影响，还可以采用抖动支承技术，并逐渐向液浮加磁悬浮技术方向发展。

2.5.4　振梁式加速度计

作为频率式输出的仪表，摆式加速度计仅仅测量加速度的大小，由于它的几何特征和非线性响应，使它很容易受动态输入的干扰。早在 1928 年，H. C. Hags 发明了一种可能克服这两个问题的仪表，它是基于吉他弦的工作原理：它的频率与施加的拉力平方根成比例。图 2.35 给出了这种加速度计的工作原理及实物照片。

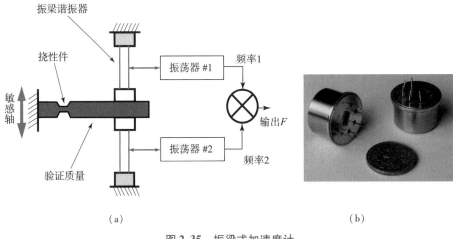

(a)　　　　　　　　　　　　(b)

图 2.35　振梁式加速度计

(a) 原理简图；(b) 实物照片

检测质量由一个金属梁带支承，此金属梁带处于一个横向磁场 B 中，通过一个交变的电流 I 使其保持在持续的振动之中。在没有加速度输入的情况下，预应力的偏置弹簧确定了这个梁带的固有频率，偏置弹簧和三个交叉的机械支撑限制了检测质量为单自由度，即使在基座存在复杂运动的状态下，仪表也只能敏感到单个方向的加速度分量。当加速度使张力增加时，频率增加；当加速度使张力减小时，频率降低。这样振梁式加速度计的主要误差源是由拉力弹簧提供的张力的变化。这种变化是时间和温度的函数，以及非线性输出造成的整流误差。此时，输入加速度与振梁振动频率的平方成比例。

振梁式加速度计具有小型化、低功耗、低成本、数字输出和易于大批量生产等优点，在军用和民用领域均有广泛的应用前景。在民用方面可用于汽车、石油和微型机器人等高端工业领域；在军用方面，可以覆盖战术武器到战略武器所有领域的应用，具有很好的发展前景，并将向高精度、耐恶劣环境和小型化方向发展。

2.5.5　摆式积分陀螺加速度计

摆式积分陀螺加速度计是一种利用在自转轴上具有一定摆性的积分陀螺来测量加速度的装置，其示意图如图 2.36 所示。它由积分陀螺、伺服电动机和单轴转台组成。在陀螺自转轴上有一偏离输出轴一定距离的不平衡质量，形成一个摆。当沿输入轴（OY）有加速度作用时，惯性力矩使陀螺摆绕输出轴（OX）转动，OX 轴上的角速度传感器产生一个比例于框架转角的电压信号，此信号经放大后送入伺服机构电动机，使装有陀螺的转台转动。因转台的转轴（OY）与陀螺的输入轴平行，转台的转动就会在陀螺框架上产生一个陀螺力矩来平衡绕 OX 的惯性力矩，这样会使陀螺转子轴趋于零位。单位时间内转台的转角即为加速度大小与方向的度量。

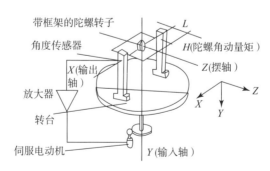

图 2.36　摆式积分陀螺加速度计

神奇的惯性世界

由于这种摆式积分陀螺加速度计具有测量范围大、测量精度高等特点，一般具有大加速度的运载体都使用这种摆式陀螺加速度计，例如远程战略导弹的惯性系统中就常采用这类加速度计，德国 V - 2 导弹采用的也是这种加速度计。

2.5.6 微机械加速度计

硅微机械加速度计采用集成电路工业中的光刻和化学蚀刻工艺加工而成。微机械传感器或 MEMS（微机电系统）的加工工艺是传统硅微电子电路工艺的扩展，它利用集成电路芯片（IC）批生产的方法来制造微机械结构。典型的微型传感器的有效面积为 $0.1 \sim 10 \ mm^2$。

典型的硅微机械加速度计有很多种分类方法，如微型线加速度计和微型摆式加速度计；微型开环和闭环；按其结构形式，可分为梳齿式微机械加速度计、"跷跷板"摆式微机械加速度计以及"三明治"摆式微机械加速度计。尽管分类方法很多，但它们都有敏感质量，基本上都是挠性支承。下面以梳齿式硅微机械加速度计为例来介绍。

梳齿式硅微机电加速度计可分为表面加工梳齿式电容加速度计和体硅加工梳齿式电容加速度计。表面加工梳齿式电容加速度计最典型的是硅材料线加速度计，既有开环控制又有闭环控制的，现在多数已实现闭环控制。这种加速度计的结构加工工艺与集成电路加工工艺兼容性好，可以将敏感元件和信号调理电路用兼容的工艺在同一硅片上完成，实现整体集成。表面加工定齿均匀配置梳齿式微机电传感器的一般结构如图 2.37 所示。

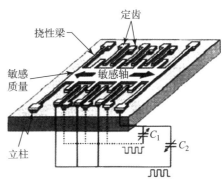

图 2.37 表面加工定齿均匀配置梳齿式微机电加速度计结构

图中，活动敏感质量元件是一个微机械的双侧梳齿结构，与两端挠性梁结构相连，并通过立柱固定于基片上，相对于固定活动敏感质量部分的基片悬空。每个梳齿由中央质量杆（齿枢）向其两侧伸出，每个活动梳齿为可变电容的一个活动电容极板；固定梳齿直接固定在基片上，固定梳齿与活动梳齿交错均等距离配置，形成差动电容。这种敏感质量元件的微机械双侧梳齿结构与基片平行。敏感质量元件可以沿敏感轴方向运动。这种固定齿与活动齿均置方案的主要优点是可以节省管芯版面尺寸，但由于表面加工得到的梳齿式结构测量电容偏小，影响了梳齿式微机械传感器分辨率和精度的进一步提高，另外，横向交叉耦合误差也较大。

为了提高微机电传感器的分辨率和精度，用体硅加工代替表面加工是一条有效的途径。图 2.38（a）是一种采用定齿偏置的梳齿式体硅加工微机械结构示意图，其实物扫描电镜图如图 2.38（b）所示。其结构部分包括一个由齿框 3、多组动齿 2 和折叠梁 1 构成的敏感质量元件，固定齿 4 和基片；动齿 2 由齿框 3 向两侧伸出，形成双侧梳齿式结构，齿框两端的折叠梁 1 固定于基片上，使齿框、多组动齿相对基片悬空平行设置；固定齿 4 为直接固定在基片上的多组单侧梳齿式结构；敏感质量元件的每个动齿为可变电容的一个活动电极，与固定齿的每个梳齿交错配置，总体形成差动电容；该结构与定齿均匀配置的梳齿式表面加工微机械结构的不同之处在于，敏感质量元件的每个梳齿和其相邻的两定齿距离不等，例如距离比值为 1∶10，且形成以齿框中点对称分布，敏感距离小的一侧形成主要的电容量，距离大的一侧的电容量可忽略。若干对动齿和静齿形成总体的差动检测电容和差动加力电容。

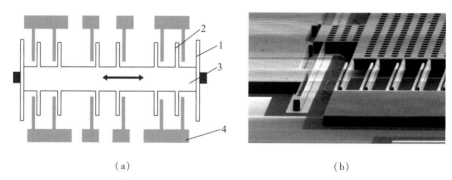

（a）　　　　　　　　　　　　　　　（b）

图 2.38　定齿偏置微机械结构示意图（a）和局部结构电镜图（b）

1—折叠梁；2—动齿；3—齿框；4—固定齿

定齿偏置结构最重要的优点是键合块少、单块键合面积大，大大降低了键合难度，且键合接触电阻小、均匀。对于均置结构，每一个动齿两边的定齿为不同极性，由于引线的关系，都要单独键合，键合强度小，对于体硅加工，由于质量较大，很容易脱落；而定齿偏置结构中心线以左为一种电极，中心线以右为另一种电极，故可采用数个定齿合在一起键合，大大提高了成品率。

2.5.7　其他类型加速度计

◇ 气浮加速度计

气浮加速度计（图2.39）是利用气体轴承来支承检测质量的一种加速度计，属于小量程中等精度加速度计。气浮仪表具有灵敏度高、数字输出的优点。气体轴承有动压式和静压式两种。该类加速度计主要用于运动载体的加速度测量。

图2.39　气浮加速度计外形图

◇ 磁悬浮加速度计

它是一种利用电磁力支承检测质量的液浮摆式加速度计。采用这种支承，完全消除了浮子摆和壳体间的支承接触摩擦，其性能优于一般的液浮摆式加速度计，它的摆组件重力主要由浮液承担，磁悬浮用来维持浮子摆件处于中心位置。

按工作原理，磁悬浮可分为有源、无源和混合磁悬浮三种，美国20世纪60年代末发射的"阿波罗"登月飞船用的加速度计就是一种有源磁悬浮加速度计，其120天的长期稳定性达到$3 \times 10^{-5}g$，阈值小于$5 \times 10^{-6}g$，质量仅为180 g。

◇ 静电加速度计

静电加速度计是在超高真空中利用静电场支承检测质量的一种加速度计。静电力不仅平衡检测质量的重力和维持检测质量处于中心位置，而且还平衡由加速度所引起的惯性力。它一般为线位移式，其检测质量由一对或几对静电极产生的静电力支承在静电场中。图 2.40 为两种静电加速度计外形图。

（a）   （b）

图 2.40　静电加速度计外形图

当加速度沿输入轴作用时，检测质量源移动并引起相应电极上电荷变化，导致控制线路中的电容电桥失去平衡，此不平衡信号经过伺服放大器放大后再反馈到相应的支承电极上，使电极上的电压或电荷相应地增加或者减少，检测质量随之恢复到原始位置，加于电极上的电压或电荷的变化量即被测加速度的量度。

静电加速度计的显著特点是精度高，能敏感 $10^{-8}g \sim 10^{-9}g$ 的加速度，稳定性好，可成为多轴式仪表和多功能元件。但因超高真空技术和电极加工工艺十分复杂，导致成本极高。它仅适用于宇宙航行和长期潜航的航海对象中的高精度惯性导航系统。

2.6　陀螺仪与加速度计技术展望

由于任务要求的不同，不同的武器及武器平台对导航系统提出的性能要求也不同，图 2.41 描绘了武器及武器平台的使用要求。研究表明，惯性导航系统的精度 90% 以上取决于惯性器件的精度。惯性传感器的误差越小，由此构成的导航系统的精度也越高。但随之系统成本也越高，而且通常来说，仪表的尺寸也越大。

下面分别对陀螺仪和加速度计的未来发展趋势加以展望。

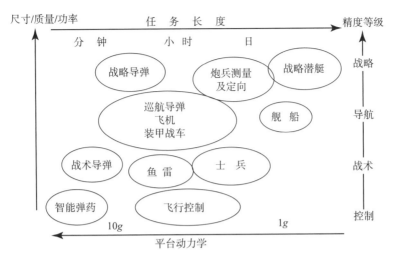

图 2.41　武器及武器平台的使用要求

2.6.1　陀螺仪未来发展趋势

图 2.42 给出了北约组织有关咨询报告所做的 2008 年陀螺仪应用状况分析。

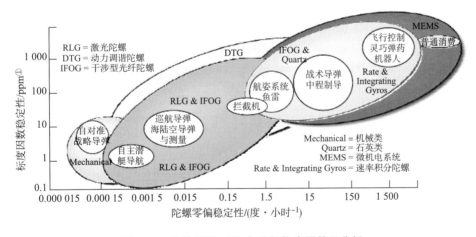

图 2.42　北约组织 2008 年陀螺仪应用状况分析

如图 2.42 所示，固态陀螺仪潜在地具有成本、尺寸和质量方面的优势，

---

① 　1 ppm = 10^{-6}。

除了存在许多常规的军事应用外，随着固态陀螺仪的低成本和小尺寸而出现许多崭新的应用，特别是低端应用，从而使其应用范围进一步扩展。MEMS技术和光纤陀螺技术正在取代原来采用激光陀螺技术和机械仪表技术的许多系统，但在一个特殊的领域里，即要求高标度因数稳定性应用中，激光陀螺将保留其优势。对整个MEMS技术的改变关键在于MEMS陀螺的发展。

　　图2.43为2010年的陀螺技术的主要性能，由图可见，应用谱图的战术（较低）性能端由微机械惯性传感器所统治。未来的军用市场将推动这些传感器的开发，这些应用包括："耐久"和"智能"的弹药、飞机和导弹的自动驾驶仪、短时间飞行的战术导弹制导、火力控制系统、雷达天线运动补偿、采用嵌入式惯性传感器的"智能蒙皮"、灵巧的小型弹丸以及晶片级惯性/GPS组合系统。如果微机械仪表的性能继续提高，它们将有可能控制整个惯性仪表的应用领域。

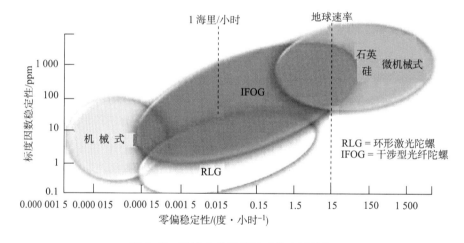

图 2.43　2010 年的陀螺技术的主要性能

　　图2.44是对2020年陀螺技术新应用的预测。如图所示，MEMS和MOEMS（光学MEMS）技术（它们都是在一个单独的集成电路芯片上提供一个完全的传感器和支承电路）将控制整个低性能和中等性能陀螺仪应用范围。这一预测所基于的理论基础是：第一，MEMS装置的性能在上个10年已获得惊人的3~4个数量级的改进，设计人员已更加了解几何结构、尺寸、电子线路和封装等对MEMS陀螺性能及可靠性的影响，所以，未来仍能以类似的进展来进一步改进其性能；第二，将全部6个传感器放在一或两个芯片上的工

作目前正在进行中，而这对达到预期的成本目标（每套惯性/GPS 系统的成本小于 1 000 美元）来说，是一条有效的途径。

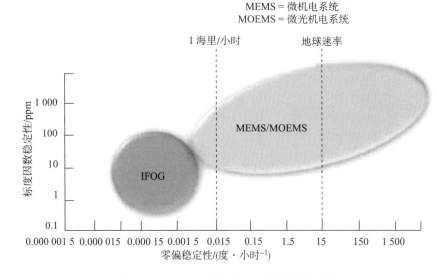

图 2.44　2020 年陀螺技术主要性能的预测

此外，由于许多 MEMS 装置是带有电容读出装置的振动结构，这使它的性能的提高受到了约束。而 MOEMS 技术可能会采用光学读出装置，且一种称为谐振式微型球的装置目前正在通信工业中进行开发，这一成果有可能被用到更小、更精确的 MOEMS 陀螺中。对于战略应用，高精度光纤陀螺可能成为其主要的选择。现在，研制抗辐射以及超高性能的光纤陀螺的工作正在进行中。最后，在新技术方面的积极研究一直在进行中，一种新颖的设计是开发单个原子的特性，这种被称为原子陀螺的新型惯性传感器预计将取得惯性敏感性能方面的一个突破。

2.6.2　加速度计未来发展趋势

加速度计的种类很多，按工作原理，可分为线位移（力平衡）式和摆式（力矩平衡）、振梁式、振弦式、压电晶体式、压阻式以及摆式积分陀螺加速度计；按支承方式，有液浮、气浮、挠性、磁悬浮、静电悬浮等方式。其中高精度 INS 中，常用的有液浮、摆式和挠性加速度计。特殊的战略武器则采用摆式积分陀螺加速度计，它的阈值为 $10^{-5}g \sim 10^{-6}g$，长期稳定性为

（$10^{-4} \sim 10^{-5}$）g/月，甚至更高。

　　惯性导航用加速度计是 20 世纪 40 年代开始发展起来的，50 年代有了进一步发展，出现了许多新型加速度计，60 年代后又在小型化、低成本、多功能、高稳定性等方面得到了进一步提高。通过支承技术的改进和新技术的采用，加速度计阈值已达到 $10^{-8}g \sim 10^{-9}g$。对它进行误差测试、分离、补偿和校准后，其稳定性可达到 $10^{-6}g$ 以上。图 2.45 为北约组织 2008 年加速度计应用状况分析。

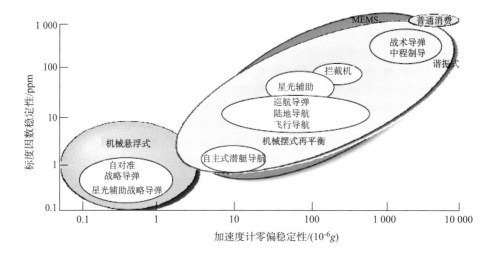

图 2.45　北约组织 2008 年加速度计应用分析

　　图 2.46 给出了 2010 年加速度计的技术状况，可以预计的是，在下个 5 ~ 10 年，加速度计应用谱的战术（较低）性能端将由微机械加速度计所控制。如同陀螺应用的情况一样，军用市场将推动这些加速度计的开发。

　　较高性能的应用将继续采用液浮机械式加速度计，以及基于石英或硅的谐振式加速度计。就精度而言，由于石英谐振器已不再是再平衡装置，所以，依赖的是材料特性中所固有的标度因数稳定性。现在，石英谐振加速度计已迅速扩展至战术和商业（如工厂自动化）应用。硅微机械谐振式加速度计业正在开发中。

　　远期（如 2020 年）加速度计技术预测示于图 2.47，与远期陀螺预测的情况一样，采用 MEMS 和 MOEMS 技术的加速度计将统治整个低和中等性能范围。

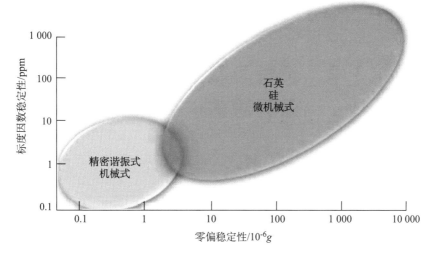

图 2.46　2010 年加速度计性能

MEMS = 微机电系统
MOEMS = 微光机电系统

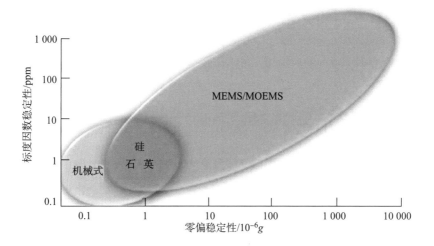

图 2.47　2020 年加速度计性能预测

第3章 惯性导航是陀螺应用史上最光辉的一页

3.1 什么是惯性导航

　　我们对"导航"这个词并不陌生，在生活中这个词很常见。在惯性技术领域，导航就是引导运载体到达预定目的地的过程。要对运载体进行引导，就要知道运载体当前的运动状态，如位置、速度、加速度、方位、俯仰和横滚等，这些由导航系统输出的，用以完成引导任务的指示信号，就称为导航信息。"我现在在哪里？运动状态怎样？如何按计划到达目的地？"这是导航系统要回答的问题，"现在"指的是时间的概念，"哪里"指的是位置，也就是空间的概念。

　　惯性导航就是利用惯性器件测量运载体位置、速度、航向等导航参数的技术。我们在第2章已经简单阐述了惯性导航的基本原理。由其工作原理可知，惯性导航系统是一种具有自主性、隐蔽性的系统，工作中既不接收又不发射任何电磁波。而且，其输出信息具有连续性和普遍存在性，从而使运载体可在任何地点连续工作，不论山区、水下、隧道、森林，均无障碍。因此，惯性导航系统常常作为运载体的中心信息源，是运载体姿态稳定和运动控制的核心系统。

　　惯性导航系统从结构上可以分为平台式惯性导航系统和捷联式惯性导航系统；从功能上可以分为导航系统、定位定向系统、航姿系统和制导系统等。根据运动平台的特点，可以选择相应的惯性导航/制导系统。

3.2 各显其能的惯性导航系统

3.2.1 陀螺罗经

在茫茫的大海中，无论是白天还是黑夜，无论是风平浪静还是惊涛骇浪，舰船都能在大海上航行，舵手靠什么来辨别方向呢？原来，他有一个能指示方向的助手，这个助手的名字叫作陀螺罗经。

随着世界航海事业的发展，铁壳轮船和军舰代替了木质船体。传统的磁罗盘已经无法在轮船、军舰上正常使用。铁质船体的屏蔽改变了船上的磁场分布，甲板上机械的移动、武器的转动甚至船上电动机的使用都会干扰磁罗盘，使之产生大的偏差而失去指示航向的功能。许多科学家开始潜心研究，如何利用陀螺仪的特性来制造不受环境影响的稳定的方向基准装置。1901 年，德国安休茨博士为了实现乘潜艇赴北极冰区水下探险的设想，发现常规的磁罗经在具有不稳定磁场和磁反射特性的区域中会带来很大的误差，在潜艇的封闭钢质壳体中也会失灵，他便探求设计一种能代替磁罗经的陀螺罗经，终于在 1904 年研制出第一台陀螺罗经，利用陀螺仪转子轴指北与找北的期望终于变成了现实。

1905 年，他的陀螺仪在"水上女神号"巡洋舰上试用，由于舰船运动对陀螺仪的干扰使它不能正常工作，试验结果失败。1906 年，安休茨的研究工作得到了他的表兄舒勒教授的鼎力相助。1908 年，世界上第一台用于船上导航的陀螺罗经在安休茨和舒勒的合作下研制成功，并应用在"德意志号"战舰上。这是按周期为 84.4 分钟舒勒摆原理设计的一种单转子液浮航海陀螺罗经。德国皇家海军成批订货，将其用于潜艇和水面舰艇上。至此，世界上第一台船用陀螺罗经诞生。

重力是地球表面附近物体所受到的地球引力，由于地球是一个椭球体，所以同一物体在地球上不同纬度和高度点所受重力稍有不同，越接近两极、越接近地面，重力越大。利用机械转子式陀螺仪特性、地球自转角速度及重力特性，使陀螺主轴能精确地自动寻找北向并保持在地理子午面内的找北装置就是陀螺罗经。它是一种不依赖于外部的声、光、电、磁等一切信息自主地寻找真北，并在运动体上建立稳定的真北方向基准，从而准确测量运动方向的惯性仪器。

事实上，陀螺罗经由一个陀螺仪和一个摆锤组成，如图 3.1 所示。前者是为了敏感地球自转角速度 $\boldsymbol{\omega}_{ie}$，后者是为了敏感地球重力矢量 $\boldsymbol{g}$。陀螺罗经利用上述两种矢量信息，并利用陀螺仪的进动性，使其主轴精确地自动寻北并保持在当地地理子午面内。

军用舰艇上的陀螺罗经航向精度要求高，而采取的误差克服与补偿措施也多，使陀螺罗经在匀速直线运动时的航向误差控制在 1°左右。而对商船应用，其精度要求不高，因此，可不必采取过多的消除误差措施，从而使商用陀螺罗经结构较简单，成本也低得多。图 3.2 为早期发明的陀螺罗经和目前正在应用的电控罗经。

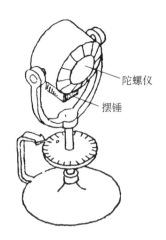

陀螺仪

摆锤

图 3.1　陀螺罗经原理示意图

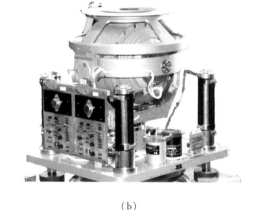

（a）　　　　　　　　　　　　　　（b）

图 3.2　陀螺罗经

（a）安休茨陀螺罗经（图片来源：http://en. wikipedia. org/wiki/Gyrocompass）；

（b）电控罗经（图片来源：http://www. china. cn/qtxingyezhuanyongsheb/2599660835. html）

3.2.2　陀螺地平仪

我们生活在陆地上，除了随着地球公转和自转运动外，人们相对地球表面是双脚着地，相当"稳定"的。正像我们用步枪打靶，若采取立姿，两脚前后叉开，双臂将枪端平，三点一线瞄定靶心射击，只要能掌握射击要领和枪支特性，就可以取得很好的成绩。但如果我们站在摇摆不定的船上、飞机上或颠簸的汽车上进行射击，身体失去了平衡，托枪的双臂再也不能保持水平，技术再高也不知道子弹飞到哪里去了。因此，如果在船舶、飞机、车辆等运动的载体上能够人工地模拟一个水平面，使描述运载体运动的两根轴线与人工模拟水平面内的两个轴相比较并测量出来，按照摇摆角相反的方向加以补偿，就好像我们又站在了水平面上，这时再打靶射击，就可以发挥你应有的水平了。

　　问题的关键在于能否在运动的载体上建立起一个水平面或地垂线基准。一般的机械摆在动基座上可以准确地指示地垂线方向，也就是说，摆具有敏感地垂线方向的特性。但是，如果把摆放在运动载体上，由于运载体的加速运动，摆除了受重力作用之外，还会受到惯性力的作用，结果使摆线偏离地垂线方向，指向重力与惯性力合力作用的方向。因此，摆虽然能够敏感地垂线方向，但不能抵抗外界的干扰，一旦有运动，就不能稳定地指示地垂线方向。陀螺仪没有敏感地垂线方向的特性，但陀螺仪（机械转子式陀螺仪）具有定轴性和进动性，从而能稳定地指示惯性空间的某一方向。于是科学家们想到把它们进行结合，既取陀螺仪转子轴能抵抗外界干扰、保持方向稳定的长处，又取摆能敏感地垂线方向的特性，陀螺地平仪就这样诞生了。所谓陀螺地平仪，就是通过陀螺和摆的结合，让摆对陀螺转子轴指示方向实施控制，在运动的载体上建立起一个稳定的垂线基准。而为了使陀螺仪转子轴跟踪地垂线方向，需要沿陀螺的框架轴施加力矩。在力矩作用下，转子轴将按一定规律产生进动，最后进动到地垂线方向上，并使它保持稳定。当运动载体无加速运动时，摆线方向与重力重合，这时摆线就可以作为测量转子轴偏离地垂线的偏差角的测量基准。用摆、力矩器和陀螺仪组成的陀螺地平仪，是用摆线去自动测量并跟踪地垂线方向，而摆线方向又用来作为控制陀螺仪转子的方向信息源，使转子轴的进动运动变成一个受摆线方向控制的运动。这样，摆、力矩器和陀螺仪组成了一闭环位置随动系统。

　　陀螺地平仪可在运动载体上建立稳定的地垂线方向（或水平面）的基准，这个人工水平面被用来作为飞机俯仰角和倾斜角的测量基准。通过把带有指针式指示机构的陀螺地平仪提供给飞机驾驶员，可以辅助其对飞机姿态进行判断。这种仪器被称为航空陀螺地平仪（图 3.3）。把俯仰角和倾斜角变成电信号输给自动驾驶仪的仪器称为垂直陀螺，垂直陀螺也可为消除船舶摇摆的减摇鳍提供垂向基准信号。

（a）   （b）

图 3.3　航空地平仪

（a）机械式航空地平仪（图片来源：http://www.cneaa.com/forum/thread-1165-1-1.html）；

（b）电子式航空地平仪

让我们再回顾一下历史。自从陀螺仪发明以后，人们产生了一个想法，即能否借助陀螺仪的奇异特性，为航行在波涛汹涌的大海中的船舶建造一个人工地平面？这一想法真正取得成功是在航海陀螺罗经发明以后。制造陀螺地平仪最早的尝试为1886年法国海军上将弗勒里埃的发明。为了在天文导航中测量天体高度，需要建立一个人工的地平面。他用一个主轴垂直的陀螺转子作为稳定水平的装置，但弗勒里埃的装置从严格的意义上来说，还不能称为真正的陀螺地平仪。因为它不能自动给出一个稳定的水平基准，并把水平基准的信号输出来。这种简单的装置还不能抵抗船舶的摇摆和加速运动时引起的干扰。德国探险家安休茨博士和美国发明家斯佩里在出色地发明航海陀螺罗经后，开始潜心研究陀螺地平仪，他们先后设计制造出了安休茨航海陀螺地平仪和航空地平仪以及斯佩里航空地平仪等。这些早期的地平仪都是用一个陀螺仪构成的（图3.4），在载体做机动运动和摇摆滚动时都有很大的误差，

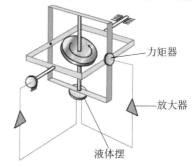

力矩器

放大器

液体摆

图 3.4　陀螺地平仪原理简图

（图片来源：http://tupian.baike.com/a2_04_54_01300000833575127847542278183_jpg.html）

以后才逐步被多陀螺动力稳定平台所取代。俄国科学家克雷洛夫在1930年发表的《陀螺仪及其某些技术应用的假设》著作中指出，稳定平台可以这样得到："把平台挂在万向支架并固定在内环上，在平台上安置两个陀螺稳定器。其中一个消除平台的纵向摇摆，而另一个则消除侧向摇摆。"1933年，美国科学家费利发表的《陀螺动力学应用》著作中也提出了用两个成对的稳定陀螺来建造人造地平面的设想。

动力稳定平台在舰船、飞机、战车（图3.5）等运载体上，得到了大量的成功应用，如为雷达、声呐、光电、通信系统等稳定天线，为声呐稳定发送接收基阵等，其作用都是为捕捉、稳定、跟踪目标提供测量基准。当在船上发射火炮、鱼雷、导弹时，更是离不开有关舰船水平姿态信号的测量和稳定。由此可见，陀螺稳定平台是作战系统中不可缺少的重要配套子系统，为发挥舰船、飞机及陆地战车的作战威力发挥了巨大的作用。动力陀螺稳定平台在飞机、舰船上已成功应用了近半个世纪，直到性能更先进的惯性导航系统和平台罗经问世，才逐渐被取代而退出了历史舞台。但在卫星上，动力稳定平台至今仍在发挥着作用。

图3.5　用于坦克炮塔稳定的陀螺稳定平台

3.2.3　船用平台罗经

人们把能够提供水平基准的陀螺罗经称为平台罗经，其结构原理如图3.6所示。平台罗经是由上、下（主、副）两个陀螺组成的系统，上陀螺1（主陀螺）构成电控罗经，负责指北并稳定绕东西轴的水平面，下陀螺2（副陀螺)为地平仪，负责稳定绕南北轴的水平面，由它们构成的一个整体既能指北，又能通过稳定两个互相垂直的水平轴来指示一个水平面，故被称为平台罗经。

根据上述构造与原理可知，平台罗经是一种人工建立的模拟水平指北地理坐标系的装置。从图3.6中可以看出：陀螺仪被用来建立三轴空间惯性基准，平台罗经可由2个二自由度陀螺或3个单自由度陀螺仪构成。若采用2个三自由度陀螺仪，则主陀螺的两个稳定轴沿地垂线和东西水平方向，而另一个陀螺仪的两个稳定轴沿地垂线与南北水平方向。显然，其中存在一个冗余的垂直轴，还需增加附加的跟踪回路来加以锁定。

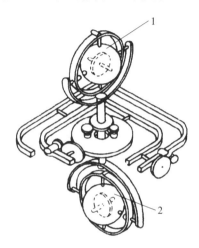

图 3.6　平台罗经的结构原理简图

1—主陀螺；2—副陀螺

3.2.4　平台式惯性导航系统

根据惯性导航原理，加速度计测量的是其敏感轴向上的比力，如何在运载体运动（平动、转动）过程中，保证加速度计的输出是沿导航坐标系的矢量，这是实现准确导航定位的基础。要满足这一条件，有两种途径：第一种途径是利用陀螺稳定平台建立一个相对某一空间基准的导航坐标系，以解决加速度计输出信号测量基准的问题，即采用陀螺稳定平台来始终跟踪所需要的导航坐标系，陀螺稳定平台由陀螺仪来控制，加速度计安装在陀螺稳定平台上；第二种途径是通过不同坐标系之间的变换，解决加速度计输出的指向问题，即将加速度计和陀螺仪都直接固联安装在运载体上，陀螺仪的输出角速度信息用来解算运载体相对导航坐标系的姿态变换矩阵，经姿态变换矩阵将加速度计的输出变换至导航坐标系，相当于建立了一个数学平台。因此，根据惯性器件（陀螺和加速度计）在载体上的安装方式，惯性导航系统可分为两类：平台式惯性导航系统和捷联式惯性导航系统。无论是哪种形式的系统，其核心是惯性测量单元（IMU），其示意图如图 3.7 所示。

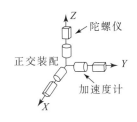

图 3.7　IMU 组成示意图

　　这里首先介绍平台式惯性导航系统。顾名思义，平台式惯性导航系统中存在一个"平台"，这个平台就是稳定平台，它是平衡环式（或框架式）惯性导航系统的主要部分。当平台式惯性导航系统用于飞行器或导弹时，平台坐标系相对于惯性空间必须保持稳定；而当用于舰船或陆地车辆时，则相对地理坐标系必须保持稳定。这就要求稳定平台与各种运载器的角运动相隔离，使平台相对运载器有三维转动自由度，而这通常是用平衡环支承方式实现的。

　　为了实现对导航坐标系的实时跟踪，由陀螺仪和框架结构形成了稳定控制回路和修正回路。稳定控制回路保证了框架系统快速、精确地跟踪陀螺仪，从而使平台稳定在导航坐标系里，成为测量载体航向和水平姿态信息的基准。修正回路的功能是对陀螺仪施加控制力矩，使平台稳定在预定的导航坐标系内。不同类型的平台式惯性导航系统，修正回路控制的方法，即系统的机械编排略有不同，各种误差因素造成的系统误差的规律也不尽相同。

　　平台式惯性导航系统常见的有三环式和四环式两种。三环系统的三个平衡环名称，由外向内分别为横滚环（或横摇环）、俯仰环（或纵摇环）和方位环（或台体）（图 3.8）；四环系统一般仅用于飞行器和导弹等，四个平衡环由外向内分别为外横滚环、俯仰环、内横滚环、方位环。各平衡环由对应的稳定回路控制，其敏感元件为对应的陀螺仪。方位环就是一个实实在在的物理平台，它模拟了运载体的导航坐标系，像船用的指北水平系统，平台方位稳定地指向正北，并始终保持当地水平，因而平台上的加速度计敏感对应坐标轴方向的加速度，通过计算机计算后获得运载体的速度、位置、姿态等信息。平台系统就是这样隔离了运载体对惯性器件的影响。通常来说，稳定平台都是严格密封的，并具有温度控制系统和导电环装置等。

　　平台式惯性导航系统在航海、航空、航天以及陆用的高精度导航、制导

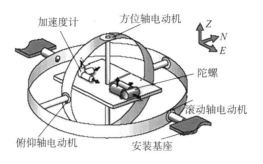

图 3.8　三框架平台惯性导航系统结构示意图

中几乎一统天下（图 3.9）。一直到 20 世纪 70 年代，随着计算机、微电子以及控制等新技术在惯性技术领域的应用，出现了捷联式惯性导航系统，平台系统受到了强有力的挑战。目前在长时间高精度的系统中，如船用惯性导航中，还仍然应用着平台式系统；但在中低精度的应用领域，捷联式惯性导航系统已得到广泛应用，特别在航空和导弹等载体的导航、制导系统中，捷联式惯性导航系统倍受青睐，大有最终取代平台式惯性导航系统的趋势。

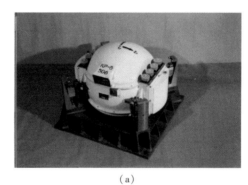

（a）

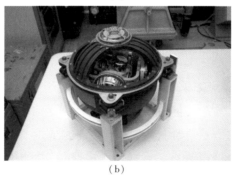

（b）

图 3.9　平台式惯性导航系统

（a）动力调谐陀螺平台式系统；（b）三轴液浮平台系统

3.2.5　捷联式惯性导航系统

与平台式惯性导航系统将陀螺、加速度计等惯性测量元件安装在实体物理平台上不同，捷联式惯性导航系统的惯性测量单元直接与载体固联，惯性测量信息来自载体坐标系各轴向，由系统导航计算机生成所谓的"数学平台"建立导航坐标系。

说起捷联式惯性导航系统发明的历史，可以追溯到 1942 年 V-2 导弹的制导装置。它用一个自由陀螺仪固定在弹体上，让陀螺仪的主轴对准导弹的飞行方向，直接利用陀螺仪的定轴性，导弹只要稍一偏离飞行航向，陀螺仪就带动控制机构改变导弹的方向，使之回到预定的弹道上来。由于惯性元件被直接固联在弹体上以敏感导弹的角运动，从这点上看，V-2 制导装置可以算作捷联的雏形，但它既不计算导弹的位置，也不计算导弹的姿态，故可看作是一种位置捷联装置。

现在得到应用的捷联式惯性导航系统与 V-2 制导系统相比已日臻完善，捷联式惯性导航系统的出现是惯性技术和计算机（硬件、软件）技术等多项技术迅速发展的结果，激光陀螺、光纤陀螺等新型固态陀螺仪的研制成功更为捷联系统提供了理想的惯性器件。目前，捷联式惯性导航系统在航空、航天、航海和陆地各领域中已得到广泛应用。

捷联式惯性导航系统结构原理图如图 3.10 所示。在捷联式惯性导航系统中，陀螺仪和加速度计被直接安装在运载体上而不再需要稳定平台。但在运载体飞行时，陀螺和加速度计将直接感受过载、冲击、振动、温度变化等恶劣环境，从而产生动态误差，所以，与平台式惯性导航系统相比，捷联式惯性导航系统对惯性器件有着特殊的要求。随着陀螺和加速度计技术的发展，液浮陀螺、挠性陀螺和挠性加速度计技术已经成熟；特别是随着固态的激光陀螺和光纤陀螺技术的发展，捷联式惯性导航系统的精度已逐步接近或达到平台惯性导航系统的精度。此外，捷联式惯性导航系统还有其突出的优点，即由于它去掉了机械框架系统，结构大为简化，体积小，质量轻，成本低，可靠性高，功耗小，使用方便灵活，维护简便。由于去掉了机械框架系统，在导弹飞行过程中姿态不受限制，可以实现全姿态飞行。这些优点使得捷联技术发展更为迅速，在火箭、飞机、鱼雷、车辆等不同领域中获得更为广泛的应用。图 3.11 为目前得到广泛应用的激光陀螺捷联式惯性导航系统。

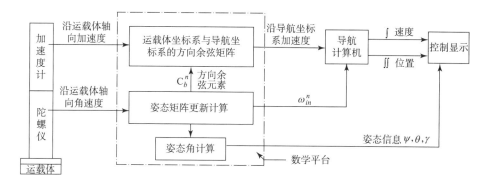

图 3.10　捷联式惯性导航系统结构原理图

图 3.11　激光陀螺捷联式惯性导航系统

（图片来源：http://www.inpe.br/twiki/pub/Main/IntroducaoTecnologia

Satelites/170_ Satelites_ P2.2_ v4.1_ 2011.pdf）

3.2.6　航向姿态基准系统

　　航向姿态基准系统是对飞机的姿态进行测量与控制的系统。系统中的陀螺仪测量出飞行器相对于载体坐标系的转动角速度或角度（航向、俯仰、滚动）等信息，送入控制系统后操纵载体，使其按照所需的姿态飞行。航向姿态基准还可以用于巡航导弹、卫星、舰船等各种运载体。图 3.12 为四

图 3.12　四轴光纤陀螺惯性姿态测量组合

神奇的惯性世界

轴光纤陀螺惯性姿态测量组合。

3.2.7　惯性为基的组合导航系统

随着科学技术的不断进步，现代导航系统的种类越来越多，如惯性导航系统（INS）、卫星定位系统（GNSS）、多普勒测速系统（Doppler）、无线电导航系统（包括奥米加导航系统（Omega）、罗兰系统（Loran）、塔康系统（Tacan））、还有天文导航系统（CNS）、地形匹配辅助导航系统（MM）等。这些导航系统各有优缺点，精度和成本也大不相同。要使导航系统性能得到提高，仅靠提高单一导航系统的精度，不仅在技术上难度很大，而且无法满足高精度、低成本、高可靠性等多方面的要求。组合导航系统是指把两种或者两种以上不同的导航设备以适当的方式组合在一起，利用其在性能上的互补性获得比单独使用任一系统时更高的导航性能，以满足高性能航行体和高精度武器系统的高精度导航/制导要求。

惯性导航系统最突出的优点是完全的自主性，它应用陀螺仪和加速度计测量运载体的角运动和线运动参数来进行导航定位，工作过程完全不依赖外界的声、光、电、磁等信息，因而不受环境、气象以及人为的干扰和破坏，这在军事应用上具有独特的优点。在地下、隧道、水下、室内等特殊环境下，当其他导航定位手段无能为力时，更显示出惯性导航系统的优越性。但是因为惯性导航系统输出的位置和速度信息是由所测量的加速度经过积分得到的，因此，其短时精度高，系统的误差将随时间的积累而增长。由于惯性导航系统具有自主性和输出全导航信息等重要特点，这使他在组合系统中成为主导航系统。

其他导航系统的工作原理不同，具有不同的特点，如多普勒系统的误差和工作时间长短无关，但保密性不好；天文导航系统的位置精度高，但受观测星体可见度的影响；卫星导航的精度高，容易做到全球、全天候导航，但它需要一套复杂的定位设备，当载体做机动飞行时，导航性能下降，并且自主性和抗干扰性能不强，特别是在战时，将受到导航星发射国家的制约。因此，把具有不同特点的导航系统组合在一起，相互取长补短，是提高导航系统精度的一条有效途径。

卫星导航与惯性导航在导航定位误差特性方面具有良好的互补性，因此，采用惯性/卫星组合导航技术可实现全球范围内的高精度连续导航，是近年来

第 3 章　惯性导航是陀螺应用史上最光辉的一页

以及未来相当长一段时期内导航技术发展的主要方向，在国民经济和国防等领域具有极为重要的应用价值。

地形匹配导航定位系统是一种自主导航定位系统，它仅仅通过机载（或弹载）的高度计得到飞行路线下方的地面轮廓，然后将此地面轮廓与事先存储的地形图进行比较以实现匹配，从而确定运载体的位置。

由于地磁信息具有无源、稳定以及具有地理位置相关性等特点，成为备受关注的一种新型导航方式。地磁导航通过将当地地理坐标系中的磁场测量值与存储的磁偏角和磁倾角图进行比较，或者通过对磁场异常的匹配来获得位置坐标。地磁导航技术与惯性导航系统构成的组合导航系统将成为解决高精度长航时自主导航的有效手段。

星光导航是一种依靠天体敏感器观测天体方位信息，通过解算获得载体位置和姿态的自主导航手段。在 20 世纪 30 年代无线电导航问世前，星光导航一直是唯一可用的导航技术。由于它具有自主性强、姿态测量精度高、误差不随时间积累、抗电磁干扰能力强等优点，是长时间运行的载体自主导航的重要发展方向。

视觉图像中含有丰富的信息，是自然界绝大多数生物实现导航定位的关键依据。但因受制于图像处理技术、系统处理速度等方面，有关视觉信息在导航定位系统中的应用有限。近年来，随着图像处理、高性能处理器等领域的技术进步，基于视觉图像的导航技术正逐渐成为导航领域的研究热点。

目前关于视觉导航主要的研究方向有：景象匹配技术，即以飞机或导弹的下视地面图像为基础，提供高精度的位置坐标，再通过识别记忆中的地面特征来进行导航；飞行器视觉姿态估计技术，即在图像视场内地平线识别的基础上，进行飞行器横滚角与俯仰角估计；视觉航路跟踪与着陆技术，即在下视图像特征分析的基础上，进行飞行航路信息识别或着陆跑道识别；视觉同时定位与地图创建技术，即利用运动体惯性导航信息在视觉图像中获取特征点位置信息，形成实时地图，并不断利用地图中特征点位置信息，实现对运动体定位信息的校正。

当然，在实际使用过程中，为了提高导航系统的使用精度和可靠性，还可以将两种或两种以上的导航信息进行组合，如惯性/GPS/地形匹配组合导航系统、惯性/GPS/地形匹配/景象匹配组合导航等。但值得强调的是，在各种各样的组合方案中，采用最多的方案是以惯性为基的，在军用中这一点尤其明显。

　　任何一组传感器都不可能适用于所有的环境，尤其是在复杂环境下，最终的解决方案将是一种模块化系统。在此系统中，针对一种给定的情况，把一组选定的传感器以一种最佳的方式组合在一起，以完成预定的任务，如图 3.13 所示。

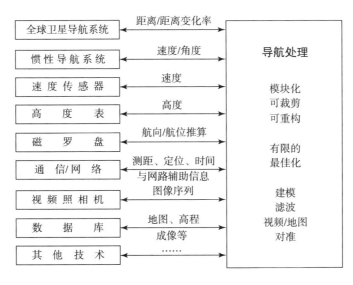

图 3.13　模块化、自适应、多传感器组合系统可为复杂环境下的
可靠导航提供理想的解决方案

3.2.8　惯性执行机构

　　你知道"嫦娥二号"在空中是如何实现姿态调整的吗？除了要有前面介绍的由惯性姿态测量系统给出的姿态信息外，还要依赖惯性执行机构实现姿态的控制，而后者也是惯性器件中的一个大家族。这个家族中的典型代表包括飞轮和控制力矩陀螺，其中，飞轮输出力矩精度高，是新一代三轴姿态稳定卫星平台实现高精度姿态稳定控制的关键惯性执行机构；控制力矩陀螺输出力矩大，是卫星和空间站等大型航天器进行姿态控制必不可少的大力矩执行机构，也是新一代"敏捷"卫星平台实现快速姿态机动的关键控制执行机构。

大型光学卫星、雷达卫星和空间站等航天器要实现姿态稳定和长寿命在轨工作，则要求姿态控制执行机构输出力矩大、寿命长、控制精度高；灾害监测、立体测绘和军事侦察等敏捷机动卫星更要求具备姿态机动和高精度控制能力。总之，上述航天器都需要应用控制力矩陀螺来作为其姿态控制的执行机构。目前，大部分在轨使用的控制力矩陀螺均采用机械轴承支承，其固有摩擦、磨损和润滑等问题是影响其可靠性和寿命的主要因素；同时，由机械轴承刚性支承的高速转子振动也是影响其控制精度的内因。因此，大力矩、长寿命、高精度、高可靠控制力矩陀螺是制约新一代航天器技术发展的主要技术"瓶颈"，也是控制力矩陀螺技术进一步发展的重要方向。图 3.14 为一组惯性执行机构。

（a）

（b）

（c）

（d）

图 3.14　惯性执行机构

（a）控制力矩陀螺；（b）偏置动量飞轮；

（c）磁悬浮飞轮；（d）反作用飞轮

目前，国内正在发展新一代高精度对地观测卫星，如资源、气象、海洋、灾害监测卫星等，这类卫星通常搭载光谱成像仪或高分辨率相机等成像设备。为了提高这类设备的成像精度，要求载体航天器具备高精度姿态定位、稳定和保持的能力，由姿控系统吸收载荷自身机动造成的扰动力矩。为了实现这类卫星的高精度，其姿控系统执行机构必须具备相应的高精度姿控能力。

✿ 3.3　提高惯性导航系统精度的主要技术途径

惯性器件是惯性导航系统的心脏。惯性器件的误差是惯性导航系统的主要误差来源，为提高系统的精度，要选用高精度、稳定性好的器件。当选定了惯性器件以后，为保证和提高系统的精度，在系统方面还应该做些什么呢？一种有效的途径是通过分析系统的各种误差因素，并针对这些误差因素优化结构设计，研制和选择更高精度的传感器，应用最先进的控制技术提高伺服系统的精度，采用最先进的微电子和计算机技术，提高转换接口电路和信号传输的精度等，通过尽力减少造成误差的因素，达到保证和提高系统精度的目的。下面介绍几种提高系统精度的技术途径。

3.3.1　实时在线补偿技术

实时在线补偿是提高惯性器件使用精度的有效措施，是惯性导航系统提高精度的主要研究方向。为实现实时在线补偿，需要建立准确、完善的误差模型，根据误差模型在系统运行时进行实时补偿。因此，测试与建模是提高系统精度的前提条件之一。

通过前面的分析可知，惯性器件的误差变化并不是简单的、静止的，而是复杂的、随机变化的过程，它们不仅与外部的环境条件有关，还包含随时间变化的、不确定的随机分量，如陀螺的逐次启动漂移和逐日变化的随机常值等。惯性导航系统启动时，往往采取测漂定标的措施来测定陀螺仪的漂移并进行补偿。而且，运行中的在线实时估计误差的变化要比启动测漂定标困难得多。如在某型高精度静电监控器系统中，为了准确按规律补偿陀螺仪的误差，需要进行 72 小时的初始启动对准和标定，为此，应研究如何更快捷、更准确地估计漂移进行初始补偿的方法。

3.3.2　自动补偿技术

惯性导航系统的自补偿技术不依赖于建立误差模型进行实时补偿，也不用外观测信息作为辅助进行重调与校正，而是应用惯性导航系统巧妙地机械编排，使陀螺仪的漂移对系统的影响自动地抵消或减弱，从而提高了系统的精度。这种自补偿技术显著地提高了陀螺仪的使用精度，进而提高了系统的精度，在同样系统精度要求下，可以选择较低精度的陀螺仪，从而可大大降低系统的制造成本，因此，自补偿技术受到了系统设计人员的重视，特别是在水下或其他特殊环境无法取得外部信息辅助的情况下，它更是一种十分有效的技术措施。目前常用的自动补偿方案有陀螺仪反转的监控方案、陀螺仪壳体或平台旋转监控技术、附加监控陀螺的监控方法、陀螺监控 H 调制法以及系统级的监控技术等。

3.3.3　多传感器信息融合技术

多传感器信息融合系统的出现，完全改变了传统的导航定位系统的概念和配置模式。由于惯性导航系统具有自主性、全天候、连续高精度的特点，必然成为多传感器信息融合系统的核心。采用多传感器融合方式，经过综合滤波处理，可以得到比各单独导航传感器精度更高的信息输出，并为惯性导航系统提供了更充分、更完备的参考信息，以进行系统的重调和校正，提高导航系统的可靠性和故障容错能力。

3.4　测试是保障惯性导航系统性能的关键

3.4.1　提高导航系统综合性能的重要性

以上讨论了惯性导航系统的精度问题。精度指标当然是惯性导航系统重要的性能标志，为了满足各种战略战术任务、航天以及各种民用导航、制导与控制的要求，首先要关心其精度能否满足任务的要求。惯性导航系统精度指标的演变和提高正是百年来惯性技术进步的历史写照。

但是，精度并不是惯性导航系统唯一的性能指标。可靠性、稳定性、可操作性、可维护性、环境适应性以及体积、尺寸、质量、功耗、制造成本、批生产能力、价格等都是重要的指标。体积、质量、功耗、价格往往成为制约惯性导航系统推广应用的重要因素。惯性导航系统的可靠性和稳定性更是惯性导航系统生存发展的关键。一切精度都是建立在稳定、可靠的基础之上的。系统不可靠，将导致导航制导任务的失败，甚至严重危及载体的安全。

1963 年 5 月 1 日，我国自行制造的第一艘万吨级远洋货轮"跃进号"（图3.15）首次驶出国门，由于船上的航海陀螺罗经没有被认真标定以消除罗经误差，致使实际船位偏离预定航线 17 海里而触礁沉没，造成了极为严重的影响。1996 年 6 月 4 日，欧洲"阿丽亚娜"5 型火箭（图 3.16）首次进行鉴定发射，由于制导系统计算机的一个软件故障，致使火箭升空约 40 秒后，即在 3 500 米以上高空爆炸，星箭俱毁，几万名科技人员 10 年的心血，400 亿法郎的科研经费付之东流。这些教训给我们的启示就是，只有在可靠性的基础上谈精度才有意义。

图 3.15　中国远洋货轮"跃进号"

（图片来源：http://tupian. baike. com/a2_ 25_ 29_ 20300000859973132237291993713_ jpg. html）

图 3.16　欧洲"阿丽亚娜"5 型火箭

（图片来源：http://tech. enorth. com. cn/system/2002/12/12/000471875. shtml）

可靠性关联着安全性，惯性技术领域的科学家们在追求精度的同时，付出了大量的努力，在设计、材料、工艺、元器件以及在故障检测、诊断、冗余、容错等技术方面进行了深入的研究。在各种新技术、新成果的支持下，惯性导航系统的可靠性已取得很大进步。初期的惯性仪器和系统，其可靠性指标，即平均故障间隔时间（MTBF），只有几十小时、几百小时。而现代的惯性导航系统，MTBF 已提高到 3 000 ~ 5 000 小时，有的甚至高达数万小时、十多万小时；惯性器件的 MTBF 更是达到了 50 万小时。高可靠性已是当前惯性技术领域更优先于精度的指标，是需要下功夫努力追求的目标。

3.4.2 测试是惯性器件及系统可靠使用的重要保证

测试技术是一项涉及多个学科领域的综合技术。对于惯性器件——陀螺与加速度计来说，为了表征其性能参数，仅仅用一两个参数来表征往往是不够的，生产者、使用者一般会对五大类性能参数进行标定、评价，并利用它们为集成惯性导航系统的总体性能提供必要的依据。以近代光学陀螺仪为例的几类性能参数为：零偏及零偏稳定性、标度因数及其综合误差、阈值/分辨率/死区、最大值、失准角、带宽与噪声等。而在实际使用中，还可以对不同应用需求的惯性导航系统进行适当剪裁。

在测试过程中，需要考虑用什么样的测试设备；测试环境的控制与保证；测试程序、方法、采样长度与采样间隔的选取；数据处理方法、奇异点的剔除以及最大限度地降低测试成本。

对惯性器件的测试，其相关性能除了需要建立两个标准的基准线——当地地垂线 Og 和真北 ON 以外，还需给出两个标准基本信息——标准的转动角速度和标准的加速度。标准角速率产生的设备，除地球自转角速度 $\omega_{ie} = 15.0411$ 度/小时之外，要建造各种角速率转台（如单轴、双轴、三轴转台），其速率精度和平稳度要求达到 $10^{-5} \sim 10^{-7}$ ppm。为了分辨 ω_{ie} 和 g，可以采用高精度的光学分度计，一般的角分辨率可以达到 1 角秒甚至 0.2 角秒。实际上，各种惯性器件与系统都是要工作在角速度和加速度发生变化的动态环境下。所谓动态环境下，从数学上解释就是 $\dfrac{d\boldsymbol{\omega}}{dt} \neq 0$，$\dfrac{d\boldsymbol{a}}{dt} \neq 0$，而当 $\boldsymbol{\omega}$ 与 $\boldsymbol{a}$ 为常数时，是静态环境，并不是一般所说的，有 $\boldsymbol{\omega}$、$\boldsymbol{v}$ 就是动态，因为根据牛顿定律，当 $\boldsymbol{v} = 0$ 或 $\boldsymbol{v}$ 为常数时，视为静态。

为了实现惯性器件与系统的性能测试，代表性的测试设备有：

• **角速度测试**

对于这类基准信息，可以通过各类速率转台来提供。通过分析动态测试条件下输出参数与静态输出参数的比较，用以确定角加速度及角速度输入对惯性器件和系统测试精度的影响。图 3.17 为两种转台。

（a） （b）

图 3.17　转台

（a）三轴多功能惯性导航测试转台；（b）三轴飞行仿真试验转台

● 摇摆动态测试

摇摆试验台是一种可以按照规定的时间做一定幅度和一定频率的单轴（或双轴、三轴）摇摆运动的装置，来模拟在给定环境下载体的运动姿态，考察被测系统的输出姿态精度。利用这种模拟试验台进行模拟试验，可以节约大量的人力、物力和财力，缩短产品的研制周期。利用该技术可以开发用于航空、航天、航海以及兵器等行业的不同的模拟器。图 3.18 为多自由度摇摆台。

图 3.18　多自由度摇摆台

● 线加速度测试

能够提供线加速度测试条件的仪器设备主要包括各种离心机（图 3.19）。

离心机作为模拟高过载运动条件的测试设备，主要用于测试与标定加速度计在高过载条件下的输出性能，是惯性技术行业测试标定加速度计的主要实验设备。

（a）

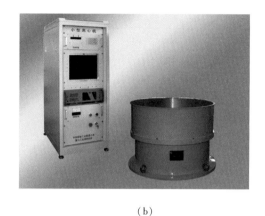
（b）

图 3.19　小型离心试验机

- 火箭撬

对于加速度动态测试，除了上述的离心机外，还有火箭撬（图 3.20）。火箭撬又名高速测试轨道、滑撬、高速滑撬，也可以称为有轨火箭动力车或高速火箭轨道车。它借助火箭动力大小、方向来调整过载 g，以满足实际飞行环境要求，用以考核各种运载体上惯性产品的功能，特别是 g 的输入动态特性。

图 3.20　火箭撬

（图片来源：http://i.hj.cn/xyrb/20100925/RB092526_10.jpg）

●角加速度测试

为了对陀螺仪进行动态测试，可以研究相应的测试设备：突停台和角振动台，前者可用于时域动态测试，后者可以用于频域动态测试。前者可以在高速旋转时突然停下，后者则是通过变化振动幅值和振动频率而产生单轴、双轴、三轴正弦运动。

突停台和角振动台（图 3.21）的实质就是让测试动态特性的测试设备产生一个对象所需的最大角速度值。事实上，两者的输出信号处理可互为傅里叶变换，其中任一设备让陀螺仪输出信号经过上述变换处理，都可得获得其动态性能。

图 3.21 振动台

（图片来源：http://www.npic.ac.cn/st1-hdsbjdzx-hdsbjdzx-179/thdcurrent/jdnl.shtml）

第4章 惯性技术在海陆空天应用中大显神威

在完全不依赖外部声、光、电、磁传播信号的情况下，惯性导航系统可以实时地为运载体输出所需的全部导航定位信息，成为运载体实现导航、定位的神奇指路"魔杖"。可以肯定，无论过去、现在还是将来，惯性导航系统一直并将继续在陆、海、空、天各领域大显神威！

4.1 惯性技术是现代武器装备中的关键技术

4.1.1 惯性技术可贵的军用特点

从古至今，战争一直伴随着人类社会的发展而不断演变，战场上所使用的武器也随着科学技术的发展而日新月异。如：古代冶炼术的出现，使战场上有了各式各样的冷兵器；随着火药的发明，战场迈进了热兵器时代。20世纪40年代，由于原子科学技术的迅速发展，导致核武器问世；从20世纪中期到后期，人类社会进入"知识大爆炸"的年代，得益于各种高新技术的科研成果（其中也包括惯性技术）不断涌现，采用这些成果的武器装备开始陆续进入实用，在海、陆、空、天各个领域中各领风骚。

从历史上看，惯性技术一直随着军事需求的发展而发展，这是因为惯性技术具有可贵的军用特点，即惯性导航系统具有很强的隐蔽性和自主性。大家知道，惯性导航是一种真正自主的、隐蔽的导航方式，它在工作过程中既不向外界发射任何电磁波信号，也不需要任何外界信息的支持；而且，惯性导航系统输出的信号具有连续性和普遍存在性，不论山区、水下、隧道、森林等，均无障碍，从而使得载体可在任何时间和任何地点连续工作。从惯性导航系统的工作原理可以看出，它只需通过对运载体的加速度进行测量和计算，就可以通过积分实现运载体自身位置、速度的精确测定，因此，它是一

神奇的惯性世界

PAGE
144

种真正意义上的"隐身导航"。惯性导航系统还可作为一种中心信息源，提供载体状态（如位置、速度、加速度、姿态、角速度等）的部分或全部分量，以及多次的制导或操纵输入。惯性导航系统应用上的主要障碍是它随时间增长的系统精度降低，以及高昂的成本。

时至今日，惯性技术已与各种不同类型的武器装备结下了不解之缘。它已发展成为一项国际公认的国防关键技术。在美国国防部历年来公布的军用关键技术清单中，惯性技术一直作为美国的一项军用关键技术，并被列入《出口产品管制条例》中。惯性技术在未来战争需求的牵引以及现代科技发展的推动下，正处于一个新的发展阶段。在实现我国国防现代化的进程中，惯性技术正在发挥它应有的作用。

惯性技术在军事领域的应用广泛，主要是为各种各样的武器和武器平台提供导航与制导信息，这些武器和武器平台主要包括：

—战略武器系统（导弹和遥控运载器、战略武器平台等）；

—航空母舰、潜艇以及水面舰艇；

—各类军用飞机（包括固定翼和旋转翼）；

—战术弹道导弹及弹药；

—各类火炮及地面战车；

—要求高精度导航的寻的/监视和指挥/控制系统；

—采用惯性导航和姿态数据的低速运载器（如无人机等）；

—用于武器瞄准和火力控制的惯性基准。

4.1.2　惯性技术在战略武器系统中的突出作用与地位

自 20 世纪中期开始，世界格局呈现出以美、苏两个超级大国相对峙为特点的冷战局面。直到 20 世纪 70 年代末，美国一直在大力发展"三位一体"的战略核武器，这"三位一体"指的是："民兵"Ⅲ和"和平保卫者"（MX）洲际弹道导弹、"三叉戟"弹道导弹核潜艇和"三叉戟"Ⅱ潜射弹道导弹，以及 B－52H 及 B－2A 远程战略轰炸机。由于惯性技术的高隐蔽性、强抗干扰性以及信息连续性等特点，它在洲际导弹、战略核潜艇和远程战略轰炸机这三大战略核威慑力量中，一直占据着不可替代的重要地位；随着惯性技术的不断发展，各种先进的惯性导航/制导系统的应用更是使得这些战略武器平台如虎添翼。

1. 洲际弹道导弹

洲际导弹要发挥威力，一要射程远，二要爆炸威力大，三要命中精度高，其中高命中精度这一点非常关键。计算表明，如果导弹命中精度提高1倍，则同样威力的导弹对目标的杀伤力可提高8倍，可见惯性导航/制导系统的精度具有何等重要的战略意义。

在描述导弹惯性制导系统性能时，经常出现"圆概率误差"（CEP）这一术语，它也是衡量惯性导航系统性能的一个最基本的指标。人们用CEP来表示导弹的命中精度，也就是导弹落点对目标的散布，或落点可能偏离目标的距离。它的意义是：如果发射100枚导弹，有50枚落到了以目标为圆心的圆面积内，那么这个圆的半径大小就被定义为圆概率误差，简称CEP。显然，CEP值越小，说明导弹的落点精度越高。

以"民兵"系列洲际导弹为例：

➤ "民兵"Ⅰ于1962年12月服役，最大射程为8 000千米，落点偏差为1.8千米；

➤ "民兵"Ⅱ于1965年10月服役，最大射程达11 260千米，落点偏差为560米；

➤ "民兵"Ⅲ在1970年开始服役，最大射程达13 000千米，落点偏差为185米。

图4.1给出了导弹命中精度的今昔对比示意图。对比最早的V-2导弹，今天的导弹命中精度之所以能获得如此大幅度的提高，基本上得益于惯性技术的进步。

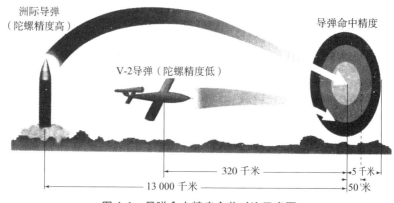

图4.1 导弹命中精度今昔对比示意图

在"民兵"Ⅲ之后，美国又相继开发了 MX 和"侏儒"两种导弹。MX 导弹的最大射程达 11 000 千米，落点偏差只有 90 米，而且它可同时携带 10 枚子弹头。这是第一种精度在百米之内的洲际弹道导弹，这主要是由于惯性导航/制导系统彻底抛弃了以往的框架式平台结构，改为浮球体结构。这种被称为"先进惯性基准球"（AIRS）（图 4.2）的惯性测量装置是弹道导弹惯性制导历史上的一次重大的革命性举措，也是当时世界上精度最高的惯性测量装置。2002 年，美国完成了对"民兵"Ⅲ制导系统的改造，使"民兵"Ⅲ能以 120 米（CEP）的精度准确命中 11 000 千米以外的目标。AIRS 中采用的是迄今为止世界上精度最高的第三代机械转子式陀螺，即 TGG 三浮陀螺，陀螺漂移率仅仅 0.000 015 度/小时。

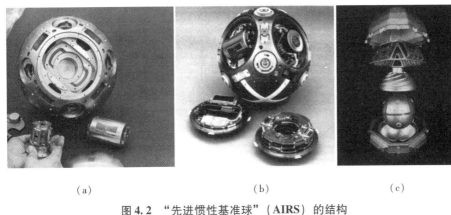

（a）　　　　　　　　　　（b）　　　　　　　　　　（c）

图 4.2　"先进惯性基准球"（AIRS）的结构

（a）浮球平台（图片来源：http://www.guancha.cn/military – affairs/2014_ 01_ 24_ 201999.shtml）；

（b）浮球平台分解图（图片来源：http://www.sensorexpert.com.cn/Article/jianshuguangxiantuol_ 1.html）；

（c）组成浮球平台的主要元部件（图片来源：http://bbs.tiexue.net/post2_ 2264418_ 1.html）

大家知道，早期的洲际导弹都是竖立在发射井里，一旦需要发射，立即启动惯性测量装置，完成陀螺的对准；接着打开井盖，导弹点火，直冲云霄（图 4.3）。为了提高导弹自身的生存力和发射的隐蔽性，发展了导弹机动发射技术，利用发射车载着导弹在偏僻、隐蔽的山区机动，在敌方出其不意的地点突然发动攻击，打完了立即离开。"侏儒"就是这样一种可以在公路上机动的洲际导弹，其最大射程达 12 000 千米，落点偏差只有 16 米。它的制导系统采用改进的浮球平台，并实行主动段—中段—末段的全程制导。主动段采用轻型"先进惯性基准球"，中段采用星光/惯性组合制导，末段采用地形匹配制导。

图 4.3　正在发射的美国"民兵"导弹

（图片来源：http://news. 163. com/41025/4/13I1PROO0001123L. html）

俄罗斯的"白杨 – M"洲际弹道导弹，是俄罗斯为在 21 世纪前 30 年内保持世界领先地位而发展的一种新的战略核武器。它有公路机动型（图 4.4）

图 4.4　起竖中的俄罗斯"白杨 – M"洲际导弹

（图片来源：http://bbs. tiexue. net/post_ 3257816_ 1. html？s = data）

神奇的惯性世界

和地下井发射型两种，最大射程达 10 500 千米，落点偏差 800 米。"白杨 –
M"是单弹头导弹，但可改装为能携带 3 ~ 4 个子弹头的分导式多弹头导弹。
由于大大提高了战斗部机动性，可避开敌方技术侦察手段，因而能与未来反
导系统进行有效对抗。"白杨 – M"洲际弹道导弹作为俄罗斯"核盾牌"的主
战武器，已于 2010 年服役。

为了实现导弹的机动发射，首先要快速、准确地确定发射点的位置和方
位基准，才能准确计算出导弹的弹道方程，进行准确的瞄准和发射，而且在
发射之前，还必须完成弹上惯性基准的启动和初始对准工作，这些都是机动
发射所面临的技术难点。随着惯性技术的进步，出现了小型灵活、快速反应
的高精度惯性定位/定向系统，这种系统在导弹实行牵引机动时，可实时给出
所在点的位置，并指示牵引车的行进方向。还有一种寻北仪，可在几十秒的
短时间内找到真北方向，方位精度达到几角秒，从而为弹上惯性基准的对准
和导弹的发射瞄准提供基准。

2. 弹道导弹核潜艇与潜射弹道导弹

弹道导弹核潜艇是三大战略核威慑力量中最厉害的威慑手段，它可以在
300 ~ 400 米深的水下长时间高速潜航，可以几十天、上百天不露出水面，真
正如出水蛟龙般地神出鬼没。在现代立体战争中，陆上、空中和水面上的武
器平台因容易暴露自己而会遭受攻击；而占地球表面 70% 的海洋，则是潜艇
隐蔽活动最好的天然屏障。在大洋里游弋的核潜艇，具有强大的核攻击能力，
可以携带多达 24 枚的垂直发射远程导弹，用以攻击地球上任意地点的目标。
总之，由于弹道导弹核潜艇具有隐蔽性好、突击能力强、活动范围大的优点，
因而在未来战争中占据着重要的地位。

核动力、潜射导弹和惯性导航系统是弹道导弹核潜艇的三大关键技术。
有人说，没有惯性导航系统，就没有弹道导弹核潜艇，这一说法其实并不为
过。前面已指出，弹道导弹核潜艇是一种关乎国家生死存亡的战略性武器，
它需要在水下长时间地自主潜航，而且可以在世界任一海域、任一时间，在
不露出水面、不被敌方发现的情况下，连续发射具有战略攻击目标能力的弹
道导弹，而此项使命的完成必须依靠惯性技术的保障作用，否则，就会受到
敌方反潜兵力的探测，失去战略意义。

弹道导弹核潜艇是执行远海作战任务的，因此，它对导航设备的要求十

第 **❹** 章　惯性技术在海陆空天应用中大显神威

分严格。如：有些潜艇必须在潜入水中超过 90 天的一个周期内，保持米级的导航精度；潜航过程中没有任何外部基准可参考；不断变化的潜艇位置和速度数据将被用作导弹发射的初始状态参数等，综合起来可归纳为：

• 需连续提供潜艇的精确位置和航向参数，以保证潜艇在水下长期、隐蔽、安全航行；

• 需为武器系统提供高精度的导航参数，用于计算弹道要素及保证导弹的精确瞄准；

• 需为潜艇的观察、通信及其他电子设备的正常工作提供必要的导航基准参数。

显然，这些要求对于任何导航设备来说，都是一种严峻的考验。加之在水下，除了惯性导航手段外，天文导航、无线电导航以及卫星导航都不能使用。于是，高精度惯性导航系统顺理成章地成了弹道导弹核潜艇首选的导航设备。核潜艇惯性导航系统的使用特点如下：

◇长时间自主连续导航

美国的核潜艇曾在水下连续潜航 90 天。美国现役的"三叉戟"弹道导弹核潜艇的续航能力为 70 天，按照设计航速，它将续潜 40 000 海里以上，这意味着惯性导航系统需连续工作 1 680 小时。为了确保长时间自主连续导航，美国采用了两种办法。第一种办法是每艘核潜艇装备 2 套高精度惯性导航系统，第二种办法是提高惯性导航系统本身的精度和可靠性。

◇高精度，高成本

核潜艇惯性导航系统的精度是由运行时间内的位置误差、航向误差和水平误差来衡量的。从 20 世纪 70 年代开始，"三叉戟"弹道导弹核潜艇开始装备静电陀螺导航仪，完成了从常规液浮陀螺向静电陀螺的过渡。美国第二代、第三代战略导弹核潜艇均采用静电陀螺惯性导航系统，陀螺随机漂移为 0.000 1 度/小时，系统位置误差为 0.2~0.3 海里/24 小时。每只陀螺的成本价格是 40 万美元（2000 年），每只陀螺的维修成本是 14.7 万美元（2002 年），每台静电陀螺导航仪的成本约 200 万美元。

从 1989 年建造第四代"俄亥俄"级核潜艇开始，美国逐步采用了激光陀螺惯性导航系统来取代原来的静电陀螺惯性导航系统。近二十几年来，潜艇用高精度光纤陀螺惯性导航系统正在加紧研制中。另外，进入 21 世纪以来，用于潜艇导航的原子干涉惯性传感器得到了开发，美国军方希望它能成为下一代核潜艇惯性导航系统的核心元件。

◇以惯性为中心的组合导航

核潜艇惯性导航系统的缺点是系统误差随使用时间的增长而积累，为此，每隔一段时间必须对系统进行一次重调。系统重调就是利用其他导航系统，如天文导航、GPS 卫星导航等不随时间积累误差的导航手段对惯性导航系统重新进行标定。也可以说，系统重调就是把各种导航系统的信息组合在一起使用，进而达到优势互补的目的。20 世纪 80 年代初期，采用静电陀螺监控器的系统重调时间为 7 ~ 10 天，相当于导弹核潜艇从美国旧金山海域下潜，一直潜航到我国的舟山海域，中间不需要冒出水面，既充分发挥了导弹核潜艇的隐蔽性和机动性，又确保了弹道导弹打击的准确性。到 20 世纪 90 年代，核潜艇惯性导航系统的重调周期达到了 14 天。鉴于 GPS 定位容易暴露潜艇的位置，在战时只能偶尔使用。在这两次定位之间还可采用其他独立位置参考信息源，如地图匹配重力辅助导航和水声定位测深仪等来辅助惯性导航系统。

图 4.5 为美国第四代"俄亥俄"级核潜艇（图 4.5（a）），它可发射 24 枚"三叉戟"II 型导弹（图 4.5（b））。该型导弹的最大射程在 12 000 千米以上，命中精度为 90 米，每枚导弹最多携带 12 颗弹头。艇上装备了两套激光陀螺惯性导航系统和一套静电陀螺监控器，外部重调间隔时间为 18 天，艇

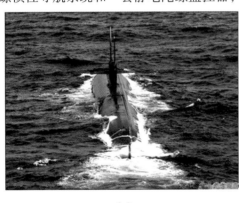

（a）　　　　　　　　　　　　　　（b）

图 4.5　美国第四代"俄亥俄"级核潜艇和发射中的"三叉戟"II 型导弹

的定位误差为 0.4~0.7 海里/10 小时，平均故障间隔时间 4 000 小时。

3. 远程战略轰炸机

远程战略轰炸机是全球作战计划中不可缺少的重要部分。当需要时，远程轰炸机可制止攻击和停止战斗的逐步升级；在全球任何地方快速投放致命的、精确的和密集的火力。由于时间上的快速性、火力上的密集性和打击上的持久性，远程空中能力已成为美国军事能力的重要因素。今日美空军轰炸机部队的组成为：B-52H、B-1B 和 B-2A。前两类使美国拥有常规的威慑力量，而 B-52H 和 B-2A 还提供美国战略核力量"三位一体"中的有人轰炸机部分。美国目前的轰炸机群还可服役 30~35 年，但为了适应战争的需要，美空军已进行了一系列的技术改进，其中最重要的改进工作集中在武器和导航系统两个方面。美国在阿富汗和伊拉克的空中作战表明，大载荷、能投放精确制导武器的远程轰炸机具有重要的价值，这促使美空军决定加速发展它的轰炸机现代化改进项目。

B-52 是一种亚声速远程轰炸机，其绰号为"同温层堡垒"。它从 1955 年 6 月开始装备部队，至今一直在美国空军服役，真可谓是一员老将。其特点是：作战高度高（最高可达 15 000 米）、飞行航程长（能作洲际飞行）、可携带 20~30 种不同的武器、具有灵活多变的作战能力（从高空投弹到近距空中支援），并可携带核弹。B-52H 是 B-52 最后一种改型。1999 年秋，B-52H 远程战略轰炸机航空电子设备中期寿命改进（AMI）计划启动，全部改装工作已于 2008 年完成。AMI 计划是专为升级 B-52H 的攻击性航空电子系统而设计的，其中的一个重点是，为了保证获得远距离的导航定位精度，必须采用高精度的惯性导航系统；而为了完成核任务，B-52H 更加需要保留一种自主的惯性导航能力。具体的改进包括：用激光陀螺惯性导航系统取代原来的静电陀螺惯性导航系统，以及安装 GPS 接收机并同双重惯性导航系统相结合。通过不断更换逐渐过时的航空电子设备来保持作战能力，B-52H 计划服役到 2040 年，从而使得整个 B-52 飞机机群的服役年限将高达 85 年。图 4.6 为飞行中的 B-52H 及其携带的 AGM-86 空射巡航导弹。

（a）   （b）

图4.6   飞行中的 B –52H 及其所携带的空射武器弹药

（a）飞行中的 B –52H（图片来源：Hhttp://edwards. airshowjournal. com/2002/）；

（b）所携带的空射武器弹药（图片来源：http://news. xinhuanet. com/mil/2005 –08/10/

content_ 3332778. htm）

在越南战争之后，B –52 又参加了在海湾地区进行的两场现代化战争，即 1991 年的海湾战争和 2003 年的伊拉克战争。战争中 B –52G 担负高强度的轰炸任务，并且需要不远万里地远途跋涉。例如，从美国本土起飞，绕地球飞行近半周，总共飞行 35 小时，其间还要进行 2 次空中加油，才能最后到达战区上空。显然，在这样的远程飞行中，飞机对导航系统的位置和速度精度要求是非常高的。而且，作为武器平台，它还要投放和发射各种各样的武器弹药，因而对于提供武器发射基准的惯性导航系统来说，要求其姿态精度也是很高的。

B –2 是目前世界上最先进的战略轰炸机（图 4.7），也是唯一的大型隐身飞机。其隐身性能可与小型的 F –117 隐身攻击机相比，而作战能力却与庞大的 B –1B 轰炸机类似。目前美军正在大幅度改善 B –2 的常规高精度打击能力，并逐步解决隐身设计所带来的维护问题。B –2 飞机在空中不加油的情况下，作战航程可达 12 000 米，空中加油一次则可达 18 000 米。每次执行任务的空中飞行时间一般不少于 10 小时，美国空军称其具有"全球到达"和"全球摧毁"的能力。

B –2A 上配备有先进的 NSS 组合导航系统，这是一种复杂的多传感器系统，包括动力调谐陀螺惯性导航系统、激光陀螺惯性导航系统和星光/惯性导航系统，以及来自合成孔径雷达的位置和速度辅助。NSS 还能用 GPS 信息进行修正，此外还结合了一种进一步提高 NSS 性能的重力补偿算法。

图 4.7　B－2"幽灵"隐形战略轰炸机

（图片来源：http://junshi. xilu. com/2010/0222/news_ 44_ 67100. html）

　　B－2 飞机 NSS 的设计满足用户对精确、远程、自主导航的需求，即战略轰炸机任务要求在一个长周期内提供精确导航信息。在这点上，B－2 同 B－52 及 B－1B 一样，它们都要求低漂移率的系统，惯性导航系统都将周期性地用雷达的速度和位置来修正。但由于 B－2 需突防敌人的领土，所以它不希望由于雷达修正而辐射射频能量，为此，NSS 含有一个星光跟踪器，后者极大地改进了长期导航精度。在 B－2 任务的武器投放阶段，星光跟踪器显著地减少或消除了对雷达修正的需求。

　　B－2"幽灵"隐形轰炸机自服役以后参加了三次战争。1999 年 3 月 24 日，2 架 B－2 从怀特曼空军基地起飞，经过 30 小时连续飞行、两次空中加油后，向南联盟的目标投放了 32 枚联合直接攻击弹（JDAM），这是 B－2 轰炸机首次参加实战。在整个科索沃战争中，6 架 B－2 共飞行了 45 架次，对南联盟的重要目标投放了 656 枚联合直接攻击弹。B－2 的飞行出动不到战争中飞机总出动量的 1%，投弹量却达到总投弹量的 11%，摧毁了南联盟近 33% 的目标。

　　阿富汗战争中，在战争的前 3 天，共 6 架 B－2 从美国本土起飞，经太平洋、东南亚和印度洋，对阿富汗实施空袭后再回到印度洋中的迪戈加西亚空军基地降落，创造了连续作战飞行 44 小时的新纪录，并投掷了 96 枚联合直接攻击弹。

在伊拉克战争中，B－2飞机共出动49架次。其中，27架次以本土怀特曼为起降基地，飞越大西洋航线，实施远程奔袭，飞行时间约35小时。另外，22架次是以一个前沿基地为起降基地，对伊拉克的指挥、控制、通信等设施进行了精确的打击。

2003年3月31日的伊拉克战场上，美国首次出动B－52H、B－1B和B－2A三种战略轰炸机，同时对巴格达和周围地面目标实施轰炸。三种战略轰炸机同时投入同一战场（伊战中三种轰炸机的出动总数达60余架），反映了美空军对重型轰炸力量在实施快速反应、远征突袭、精确打击和强力毁伤任务中所占地位和作用的高度重视。

4.1.3　惯性导航系统是现代军用飞机的中心信息源

现代军用飞机均需配置以惯性导航系统为核心的组合导航或综合导航系统，按照航程（留空时间）和任务要求，防空作战飞机、对地攻击飞机和支援保障飞机一般需要中等精度（终点定位精度为0.8海里/小时）的导航系统；电子战飞机、指挥预警飞机、空中加油机等特种任务飞机需要高精度（终点定位精度为几百～几十米）导航系统，远程大型运输机、战略轰炸机等则要求更高精度的导航系统。另外，为向飞机提供基本的导航信息（如飞机姿态、航向），以保证飞机安全返航，对于没有条件安装惯性导航系统的小飞机、直升机和无人机等，应当配置低档的姿态航向基准系统。

对于飞机的飞行应用，惯性导航系统可提供导航能力和几何上的位置/方位信息。尽管许多导航系统可以采用GPS作为主要基准，但由于来自干扰或系统故障的风险，惯性导航/GPS组合是目前最常用的也是最理想的一种结构方案。另一种飞机飞行应用是用于飞行管理系统（FMS），高速惯性数据可被用来控制和稳定气动力不稳定的飞机，这种不稳定是由高性能、高速飞行所引起的。采用这些系统的飞机不能在飞行员的直接控制下飞行，而是必须采用传感器来检测飞机瞬间的惯性变化，然后修正和补偿飞行控制，以达到飞行员的要求。还有一些飞行应用，它们不要求确定所有的惯性导航信息，而是采用了一种减少加速度计或陀螺数量的子系统，例子之一就是姿态航向基准系统（AHRS）。这是一种低性能应用，它仅仅采用陀螺来为飞行员建立直观的仪表姿态和方位基准。

现代战机还将携带大量的机载武器，如精确制导导弹、反辐射导弹、中近程空－空、空－地导弹、空射巡航导弹、远距投放弹药布撒器、常规航空炸弹、干扰设备等。作为武器发射或投放的基准，要求飞机惯性导航系统不仅具有高精度的速度和姿态信息，还要反应时间短、工作可靠，并能适应大机动、高动态的环境条件。

为保证飞行安全，惯性导航系统必须在一个长的使用寿命期内（可能高达十几年）具有很高的可靠性，而可能降低惯性导航系统可靠性和耐久性的因素主要是环境条件。当飞机通过各种高度时，它们会在相对短的时间周期内经历一个很大的温度变化。飞机还是一架噪声机器，因为它们工作在一个大的基本级的振动环境中，惯性器件必须具有承受这种应力变化的能力，包括执行特种任务飞机的飞行振动，甚至还要承受从航空母舰上起飞和着陆的特殊应力，或者高受力状态下的飞行机动等。

在直升机中，高精度的航向/姿态信息除了适用于导航外，其输出还可用来改进气象雷达、增强型地面辅助告警系统（EGPWS）、卫星通信（SAT-COM）、宽带数据链、显示器以及自动驾驶仪等设备的性能。

无人机将对未来战争模式产生重大影响，甚至导致继冷兵器、热兵器变革之后，人类战争武器的"第三次革命"。同时，随着无人作战飞机飞行性能和攻击能力的提高，加之利用其自身的信息优势和携带的小尺寸弹药，无人作战飞机更将成为未来进行空中打击的主要武器。例如，在阿富汗战场上，在美国针对"基地"组织领导人进行的侦察和定点清除行动中，"捕食者"无人驾驶飞机（图4.8）就发挥了重要的作用。"捕食者"采用的是类似于在普通飞机上采用的大而昂贵的激光陀螺惯性导航系统。而目前正在研制中的微型航空器（图4.9）则是新一代、轻型、低成本的无人机，它的尺寸大致可与一只小鸟相比较，因此可由徒步士兵扛在肩上。它能为士兵提供战场态势感知，并能在无须暴露自己的情况下向前线指挥官报告敌情。这种无人机还可用作侦察、救援和目标捕获，这些都是在开放的、变动的、复杂的城区地形中进行的。微型航空器采用了最新研制的基于MEMS技术的惯性导航系统，该装置的外形尺寸接近一枚硬币的大小。

图 4.8 "捕食者"无人攻击机

（图片来源：http://www.afwing.com/
news/GlobalHawk.htm）

图 4.9 微型航空器

（图片来源：http://www.honeywell.com/sites/
servlet/com.merx.npoint.servlets.DocumentServlet?
docid=DE19D0282-5B61-294B-0385-
D59415B2358F）

在无人机系统中，导航系统发挥了关键作用。导航输出被用于制导和控制，并影响目标定位和图像搜集任务的性能。此外，它还必须向其他传感器节点提供精确的时间同步信息。导航回路的核心是捷联惯性导航系统和卡尔曼滤波器。质量轻和成本低是无人机对机载设备的一项基本要求，低成本惯性/GPS组合系统可提供优于 5 米的位置精度，以及 $10° \sim 15°$ 的姿态精度，这对无人机导航来说就足够了。下一步工作将着重在改进组合系统的姿态精度上，因为在开发无人机导航系统过程中，总的目标是提供所需的机动特性。

从各国作战飞机的改进计划可以看出，惯性导航系统历来是航空电子设备更新的重点，所谓"一代飞机、几代惯导"，就是这种政策的体现。以服役几十年的战略轰炸机 B-52H 为例，其新的惯性导航系统采用了 F-117 隐身战斗机上的激光陀螺来取代原来的静电陀螺；而西方国家目前普遍使用的 F-15、F-16 等主力战机更是不断推出更新惯性导航的计划；甚至连最新型的 F-22 和 F-35 战机，美国空军也在通过螺旋式的发展计划对其导航和武器系统的性能进行不断的改进。迄今为止，激光陀螺捷联惯性导航系统几乎覆盖了世界上各种类型的军用飞机；近年来，光纤陀螺惯性导航系统正在逐渐被军用飞机所选用。图 4.10 ~ 图 4.14 举例介绍了世界上几种主要的固定翼和旋转翼作战飞机及其装备的惯性导航系统。

图 4.10　F – 117 隐身战斗机

（图片来源：http://www.kepu.net.cn/gb/
technology/cybernetics/military/mlt107.html）

图 4.11　F – 16 战斗机及其
采用的光纤陀螺惯性导航系统

（图片来源：http://bbs.tiexue.net/
post_ 7091799_ 1.html）

（a）

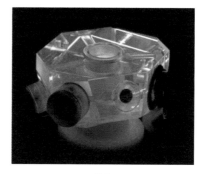

（b）

图 4.12　F/A – 22 "猛禽" 战斗机及其激光陀螺惯性导航系统中的环形激光陀螺

（a）F/A – 22 "猛禽" 战斗机（图片来源：http://news.qq.com/a/20120726/000536.htm）；

（b）激光陀螺惯性导航系统中的环形激光陀螺（图片来源：http://www.northropgrumman.com/
Capabilities/LTN92/Documents/pageDocuments/LTN – 92_ Ring_ Laser_ Gyro_ Inertia.pdf）

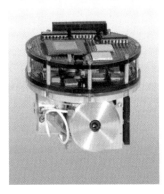

(a) (b)

图 4.13　美国陆军"黑鹰"直升机和配置的光纤陀螺惯性基准系统

（a）美国陆军"黑鹰"直升机（图片来源：http://jpkc. nwpu. edu. cn/jp2007/13/Website/
jx_ tuku. html）；（b）配置的光纤陀螺惯性基准系统（图片来源：http://www. isprs. org/
proceedings/XXXIV/part1/paper/00032. pdf）

图 4.14　正在从航空母舰甲板上弹射升空的 F/A –18 舰载机

（图片来源：http://www. doopedia. co. kr/photobox/comm/community. do？_ method =
view_ slideshow&GAL_ IDX =120820000838928&position =）

4.1.4　惯性制导系统在战术导弹中的应用及发展

战术导弹是一个大家族，按照用途来划分，大致可分为：空 – 空弹、
空 – 地弹、空 – 面弹、舰 – 舰弹、舰 – 空弹、舰载反潜导弹、舰 – 岸弹、
岸 – 舰弹、地 – 地弹、地 – 空弹、巡航导弹、反辐射导弹、反导弹导弹等。
以上很多导弹是"发射后不管"型导弹，就是说，当导弹发射出去后，它与发射它的载体就没有任何联系了，完全依靠弹上的制导系统来控制导弹飞行并攻击目标。

导弹为什么能够按照预定轨道，从万里之遥精确击中目标？火箭为什么能够准确地把卫星送入预定轨道？首先，导弹、火箭在空中飞行时，必须知道绕其三个轴的运动，通称为偏航、滚动和俯仰（图4.15）。为了保证飞行时的姿态正确，就需导弹保持相对其偏航、滚动和俯仰三个轴的稳定。稳定就是在飞行过程中抵抗和克服干扰、保持姿态角在零值附近。导弹制导指的是通过获取弹上的偏航、滚动和俯仰角信息，通过控制系统控制导弹沿着一条预定的轨迹运动，并击中目标。按照制导原理的不同，可分为波束制导、指令制导、寻的制导和导航制导等，导航制导中又包括惯性导航制导、测距导航制导、星光导航制导和地形导航制导等。

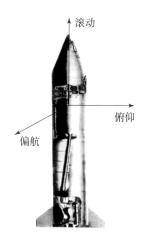

图4.15　导弹、火箭的三个姿态角

惯性导航是依靠弹上的惯性器件来敏感不同方向上的导弹角运动和加速度，陀螺负责稳定三个轴的角运动，加速度计精确测量出沿此三个轴的加速度并将其转换为电信号后，经导弹计算机解算，就可获得导弹、火箭等在某一时刻的加速度、速度和位置信息，进而通过弹上的自动驾驶仪对其飞行轨迹和姿态进行控制，这一过程就被称为惯性制导。图4.16为导弹制导的基本概念示意图。

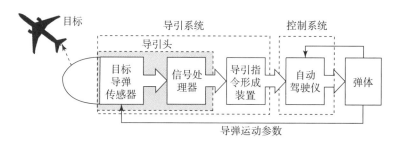

图4.16　导弹制导的基本概念

在许多导弹中，制导过程被分为三个阶段（图4.17）。第一阶段为发射或助推阶段，在此阶段，制导系统通常是禁止使用的，为的是允许导弹安全

神奇的惯性世界

地从发射平台上发射出去；发射后的大部分飞行采用中段制导，在此期间，导弹对它的轨迹进行少量调整，以到达目标附近区域；最后的阶段是末端制导，此时导弹采用一种高精度的跟踪系统做快速机动，以拦截并击中目标。许多导弹采用惯性制导方式实现中段制导，如先进的中距空－空弹、"战斧"巡航导弹等。伊拉克战争之后，美国军方将全程惯性制导的"联合直接攻击弹"（JDAM）大量装备部队，JDAM 已成为美军一种重要的精确制导武器。

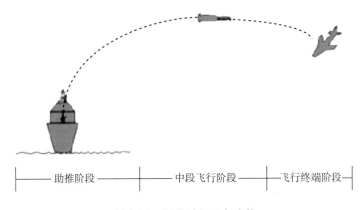

助推阶段 ├─── 中段飞行阶段 ───┤ 飞行终端阶段

图 4.17　制导过程三个阶段

提到导弹制导系统的发展，就不能不谈到精确制导武器的发展。"精确制导武器"这个词是 20 世纪 70 年代中期出现的，当时正是微电子技术和计算机技术大发展的年代，它们很快被用到了制导武器中。而且，20 世纪 70 年代爆发了几次局部战争，又为精确制导武器提供了一展身手的舞台。如：1972年，美军在侵越战争中首次使用了激光制导炸弹，取得了明显的轰炸效果。经过近 20 年的发展，以及越南战争的实战检验，到 20 世纪 80 年代末，以"宝石路"系列激光制导炸弹、"幼畜"空地导弹等为代表的第一代精确制导弹药已经成熟，以 SLAM 为代表的、具有防区外攻击能力的第二代精确制导弹药开始研制。20 世纪 90 年代后，海湾战争、波黑战争、阿富汗战争和伊拉克战争等几场现代局部战争接连打响，以"联合直接攻击弹"JDAM（图4.18）为代表的、通过改装常规"钢"炸弹而实现的低成本准精确制导武器大量装备部队，并在实战中取得良好战果。进入 21 世纪后，美国新一代空中优势战斗机"联合攻击战斗机"（JSF）F－35 加快了研制步伐，由于其机身内部空间有限，要求配置一种小型精确制导弹药，为此，"小直径炸弹"（SDB）（图 4.19）得到了研制。

图 4.18　F－16 携带 2 枚 JDAM

（图片来源：http://www.edu.cn/jun_ shi_ ke_ ji_ 1128/20060323/t20060323_ 16920. shtml）

图 4.19　F－15E 战斗轰炸机加挂小直径炸弹

（图片来源：http://www.armystar.com/wqzb/2012－12－28_ 6001. html）

　　自冷战结束以来，世界范围内的局部冲突始终不断，从各国军方的武器采购清单来看，明显的趋势是远离大的战略系统，朝着较小的战术系统以及商业产品的军用化方向发展。这是因为，现实告诉了人们，未来的军事行动不太可能是全球战争，而是一系列发生在老百姓密集地区的战斗和冲突。由此造成的结果是，作战双方没有明确的阵地界线，而且敌人往往是隐蔽而分散的，只有大幅度地提高武器精度，才能有效地降低附带杀伤。进入 21 世纪后，各国面临反恐怖主义的新任务，使得各国军方对精确制导武器有了更加明确的新要求。

这些新要求具体来说主要有：

- 重点发展可负担得起的低成本武器和弹药；
- 进一步获得高精度的瞄准、跟踪和敌我识别能力；
- 推广使用耐恶劣气候的自主式精确制导武器；
- 大力研制小型化、耐高过载的制导弹药。

表 4.1 以大量的数据说明，精确打击是未来战争的主要打击方式，而精确打击将主要依靠精确制导来完成，制导技术是精确制导武器的核心技术。从现代化战争的需求来看，只有进一步加速战术武器的制导化进程，才能适应未来战争"精确打击"的作战方式。因而，战术武器制导化是新形势下武器装备现代化的一项重要内容。精确制导武器从发射到命中目标的全过程，贯穿了各种技术手段的较量。现代精确制导武器已不再沿袭某一种单一制导技术，而是惯性导航、GPS、地图匹配、数字景象匹配、光电、红外成像、激光雷达、合成孔径雷达、毫米波等诸多制导技术的选择和组合。在众多的制导技术中，惯性技术正面临小型化、高可靠、低成本的挑战。下面以 JDAM 为例介绍惯性技术在精确制导武器中的作用。

表 4.1 历次现代战争中精确制导武器（PGM）的使用情况

使用情况	1991 年海湾战争	1999 年科索沃战争	2001 年阿富汗战争	2003 年伊拉克战争
PGM 使用总量/枚	—	8 050	12 500	19 948
使用 PGM 占总投弹量的百分比/%	8	35	56	68
使用"战斧"/空射巡航导弹总量/枚	288/35	974/236	—	802/153
JDAM 使用量/枚	—	656	6 600	6 542

"杰达姆"（JDAM）计划始于 1992 年 6 月，是美空、海军的一项联合项目，它填补了"沙漠风暴"行动中暴露的一项能力缺陷。激光制导炸弹是装有激光制导装置，能自动导向目标的炸弹。在普通气象条件下捕获目标率高，在遇

到雨、雾、灰尘和水时，命中精度降低。在"沙漠风暴"行动中，美军部署的激光制导炸弹受到了环境的约束，而 JDAM 是一种可在任何气象条件下自主工作的武器，从而消除了这些约束（表 4.2）。在伊拉克战争中，F - 117A 隐身轰炸机和 B - 52H 战略轰炸机向预定目标投放了大量的"杰达姆"。

表 4.2　JDAM 与激光制导炸弹作战性能比较

影响因素	JDAM	激光制导炸弹
格斗有效性	—无气象约束	—环境约束 ● 云层高度 ● 潮湿和下雨 ● 可视性和烟雾
飞机易损性	—发射后离去 —可选择高度和方位，以便攻击的有效性最高，飞机的易损性最低	—飞机不能从目标区离开，直到武器命中目标 —为逼近目标而使飞机机动受到约束
武器射程	—28 千米（受发射条件限制，而不受环境限制）	—3 ~ 10 千米（云高限制了高度，前视红外和激光器限制了射程）
定位误差（CEP）	—13 米（GPS 辅助） —30 米（无 GPS 辅助）	—3 米
武器携带	—可挂在所有挂架上	—要求 1 ~ 2 个吊舱

　　JDAM 是一种依靠 GPS/惯性制导的无动力空对地武器，用来满足在恶劣天气下针对固定目标或可再定位目标进行精确打击。它实质上是一种具有自主寻的（即"发射后不管"）、高空投放和远距攻击能力的低成本精确制导炸弹。JDAM 计划的重点是研制 GPS/惯性制导尾翼装置。通过在常规炸弹尾翼上加装这一装置，再配合相应的气动力控制舵面，就使这种常规炸弹变成精确制导弹药（图 4.20）。JDAM 的尾翼装置由制导控制部件、炸弹尾锥体整流罩、尾部舵机、尾部控制舵面和电缆组件等构成，其关键部件是 GPS/INS 制导控制装置。制导控制装置是 JDAM 的核心部件，该部件包括 GPS 接收机、惯性测量装置、任务计算机和电源模块。各集成电路装在圆锥体内，外部装上锥形保护罩，起到保护作用的同时，可防止电磁干扰。GPS 接收机采用 2 个天线，分别装在炸弹尾锥体整流罩前端上部（侧向接收）和尾翼装置后部

（后向接收），以便在炸弹离开弹舱后，能及时跟踪载机上的 GPS 接收机所跟踪的 4 颗卫星信号，同时，弹载 GPS 接收机接收并处理 GPS 卫星信号，将其输给弹载任务计算机，以便进行制导控制解算。

图 4.20　JDAM 基本型武器加装 GPS/惯性制导尾翼装置

（图片来源：http://jczs.news.sina.com.cn/p/2006－09－18/1137399062.html）

JDAM 的基本工作流程如图 4.21 所示。首先，将目标位置和命中条件输入任务计划系统中，然后把它装到载机上，载机在电源启动后把此计划下载给武器；接着，借助一种传递对准算法将 JDAM 导航仪对准到载机导航仪，

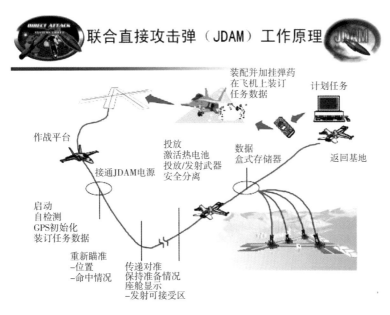

图 4.21　JDAM 工作流程图

以支持无辅助的惯性导航能力，而这种能力是 GPS 辅助导航的一种备份；在投放后，武器上的 GPS 接收机获取 GPS 卫星信号，并修正 JDAM 的导航解，该解和目标信息一起用作制导算法的输入；最后，由制导系统产生的自动驾驶指令操纵武器飞向目标。

JDAM 现已成为美国武器库中的一种重要武器，它的研制成功为军方提供了一条充分利用现有大量库存常规炸弹、提高精确打击能力的高效费比发展途径。JDAM 最大的斜距离大约为 28 千米，相对于事先监测好的瞄准点，采用纯惯性制导的精度为 30 米，采用 GPS 制导的精度为 13 米。所以，有人把 JDAM 称为准精确制导武器。JDAM 制导炸弹单价为 2 万美元，若按每月 300 套的生产量计，则单价可降到每套 1.5 万美元。

最后介绍巡航导弹。巡航导弹是指导弹的主弹道或主飞行航线处于"巡航"状态，也就是处于依靠气动升力支撑其质量、依靠发动机推力克服前进阻力，以接近恒速、等高度状态飞行的导弹。巡航导弹作为一种远程精确制导的高技术武器装备，已在现代局部战争和军事冲突中发挥了重要的威慑和杀伤作用。

美、俄两国目前拥有的巡航导弹分为对舰和对地两种，而发射方式多种多样，有飞机发射、舰艇发射、陆地发射和潜艇发射等。就射程而言，既有远程也有近程。"鱼叉"式和"战斧"式巡航导弹是目前该类武器中的佼佼者。

制导技术是巡航导弹的一项关键技术。巡航导弹通常采用惯性制导、地形匹配制导、GPS 制导和景象匹配制导等组合制导方式，命中精度为 10～30 米，因而可以有选择地攻击高价值目标，且可实现隐蔽飞行、绕道飞行，以利于有效攻击目标。但其缺点是飞行速度慢、飞行高度低、弹道呈直线、航线由程序事先设定、无法做机动飞行等。未来的巡航导弹将采用惯性、GPS、红外成像等组合制导体制，激光雷达也是候选方案。通过新的制导体制和先进的制导软件，制导精度将提高到 3 米以下，而且具有重新选择目标的能力。图 4.22、图 4.23 分别为"鱼叉"式和"战斧"式巡航导弹。

图 4.22 舰射"鱼叉"巡航导弹

（图片来源：http://news.qq.com/a/20140705/011780.htm）

（a）

（b）

图 4.23 发射中的"战斧"巡航导弹

（a）对地发射；（b）潜艇发射

（图片来源：http://www.baike.com/ipadwiki/战斧巡航导弹）

4.1.5 惯性技术在水面舰艇及其武器装备中的应用

舰船的作战使命在某种程度上是由惯性导航系统的性能和水平来保障的。舰船种类不同，其所需要的惯性导航系统的性能和水平也不相同。就弹道导弹核潜艇而言，它需要的惯性导航系统的性能水平最高，而舰载鱼雷所需要的惯性导航系统的性能水平相对较低。据不完全统计，美国建造和服役的航空母舰、导弹巡洋舰、导弹驱逐舰、两栖作战舰、导弹护卫舰、导弹靶场测量船、海洋测量船等 200 多艘水面舰艇目前均装备有不同性能的惯性导航系统。

航空母舰是 20 世纪最伟大的成就之一，它与核潜艇、隐身舰一起被列为 20 世纪海军舰艇发展的三大里程碑。现代战争的实践证明，掌握了制海权可以获得巨大的战略利益和作战利益，进而获得战争的主动权。

航空母舰是当今世界最具综合战斗力的海上平台，是海上舰艇编队作战的核心，也是一个国家综合国力的象征。航空母舰作为一种大型的水面作战平台，拥有强大的作战能力，其主要作战武器是各种舰载战斗机、侦察机和反潜直升机等，它们是航空母舰强大威力之所在，其次是以航空母舰为核心的海上作战舰艇编队。航空母舰的出现和应用，把海战模式从平面推向了立体，真正实现了超视距作战。航空母舰的导航是依靠非常复杂的组合导航系统进行的，其中的惯性导航系统不仅为飞机惯性导航系统的校准提供连续实时的信息基准，同时也为舰载飞机的武器系统以及舰载反导系统提供有效的基准信息。尤其要强调的是，舰载飞机在航空母舰上的安全起降是航空母舰发挥作用的关键，舰载机在航空母舰上的着陆是世界上最难的"回家"，可见这一技术的难度之大。而在飞机着舰这一相对导航过程中，惯性导航系统是其中的一个重要设备。

通常，航空母舰采用的惯性导航系统与水面战舰、常规潜艇是通用的。图 4.24 为美国的两艘现役航空母舰——"里根号"和"华盛顿号"，图 4.25 为我国 2012 年 9 月 25 日正式入列海军的"辽宁号"航空母舰。

（a）   （b）

图 4.24　美国的两艘现役航空母舰

（a）里根号（图片来源：http://zjhzlzp.blog.163.com/blog/static/806250182012 7203301139/）；

（b）华盛顿号（图片来源：http://mil.news.sina.com.cn/2005 - 12 - 02/1227334931.html）

图 4.25　我国"辽宁号"航空母舰

导弹靶场测量船是测量、跟踪弹道导弹、航天飞船、卫星等飞行轨迹的海上浮动基地，是地面观测站的延伸。美国从 1962 年开始发展此类舰船。1979 年 12 月 22 日，我国第一代远洋测量船——"远望一号"和"远望二号"（图 4.26）建成并交付使用。导弹靶场测量船的惯性导航系统用来为各种天线、星体跟踪器等设备提供连续、实时的基准信息，从而确保对被测量目标的及时跟踪和准确定位。

图 4.26　我国自行研制的"远望号"远洋测量船

（图片来源：http://news3. xinhuanet. com/mil/2005 – 11/24/xinsimple_

10211022408194786 7657. htm）

导弹巡洋舰和导弹驱逐舰是海军作战的两大主力水面舰艇，此类舰艇的惯性导航系统不仅确保了舰艇的安全自主航行，而且确保了舰艇在海洋动态环境下能够连续垂直发射对地攻击、对空攻击和对舰攻击的多种战术导弹，它还为舰艇反导系统提供了连续准确的信息。可以说，在狂风恶浪的大海中，随时能测量出舰艇摆动方位和水平角度变化的惯性导航系统或陀螺罗经平台是其不可缺少的关键设备。图4.27为美国"提康德罗加"级导弹巡洋舰。

　　鱼雷是一种在水中航行、自动导向攻击目标的水下兵器，鱼雷使用惯性导航系统是为了准确攻击水中目标。水下无人运载器使用惯性导航系统则是为了精确实现自身定位，并搜索和定位水中的目标。这是美国海军两种重要的水下作战武器和装备。图4.28是一艘水面舰艇正在发射鱼雷。

图4.27　美国"提康德罗加"
级导弹巡洋舰

（图片来源：http://hzfyou.blog.163.com/
blog/static/36759633201031811343 8502）

图4.28　一艘水面舰艇正在发射鱼雷

（图片来源：http://www.baike.com/
wiki/Mk32型水面船舰鱼雷管）

　　1991年的海湾战争证实，海战面临的最大威胁是水雷战和反水雷战、潜艇战和反潜艇战。猎雷艇将执行水雷战和反水雷战的任务，而无人潜水器既可承担前者，又可完成后一任务。猎雷声呐是猎雷艇上的关键设备，但仅仅依靠它是不能完成猎雷任务的。平台罗经可为声呐控制系统提供正确的舰艇姿态，即使舰艇有剧烈的摇摆和颠簸，由声呐发出的声波也会保持稳定的方向。

　　现在两栖攻击艇（图4.29）上也装备有导航系统，这种新系统为光纤陀螺惯性导航系统，它可为两栖攻击艇上的乘员提供抗干扰的精确导航信息。

图 4.29 装备轻型战术导航系统的 AAV－7 两栖攻击艇

(图片来源：http://www.kvh.com/Press－Room/Press－Release－Library/2003/KVH－

TACNAV－Systems－Selected－for－Use－on－Taiwan－Amphibious－Assault－Vehicles.aspx)

4.1.6 地面战车和现代炮兵用惯性导航系统

主战坦克、步兵战车和武装直升机是现代高技术条件下地面战争中的"三剑客"，它们互相配合、协调作战、冲锋陷阵，在决定地面战的胜负方面起着十分重要的作用。从历史上来讲，被誉为"战争之神"的炮兵在战场上历来是神威显赫，尤其近半个世纪以来，随着各种高新技术的不断出现和应用，新一代自行火炮和自行高炮使得"战争之神"更如虎添翼。尤其是新型惯性仪表和惯性导航系统的成功应用，使得新一代陆战武器在射程、精度、机动性、战场快速反应能力以及生存能力等一系列战术、技术性能上获得了重大的突破。下面简要介绍几种主要的陆战武器及其对惯性导航系统的需求。

坦克历来被称为"陆战之王"，这是由于坦克兼有良好的"攻、防、动"三大性能，即火力、防护、机动三大能力结合为一体，从而使它具备非常强的战斗力。随着未来数字化战场的作战需求，下一代坦克将配备高效的指挥、通信、导航系统，使得坦克乘员能实时了解自己和友邻坦克的位置、己方和敌方部队的作战情况，并直接接受各级的指挥，实现充分发挥每辆坦克作战效能的终极目的。

在野战时，为了减小坦克或装甲车由于车体振动及坦克转向等对火炮射击精度的影响，在车上都装有火炮高低和水平方向的双向稳定器，而陀螺仪组件是稳定器中最重要的组成部件之一。随着新技术的引进，双向稳定器进一步发展为精确稳定/瞄准系统。图 4.30 为安装在坦克上的方向/高低稳定器的工作过程，图 4.31 为安装有精瞄系统的"斯瑞克"装甲车。

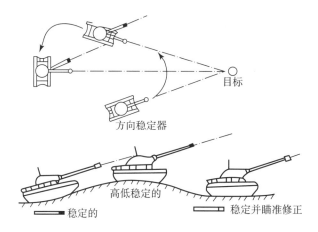

图 4.30 坦克方向/高低稳定器的工作过程

图 4.31 安装有精瞄系统的"斯瑞克"装甲车

（图片来源：http://www.baike.com/ipadwiki/史崔克装甲车）

在今日的动态战场上，态势感知和部队跟踪是任务成功的关键。新型的陆地导航系统采用激光陀螺或光纤陀螺构成的惯性导航系统，并与 GPS 组合为车载导航系统，它被用于运载器的自动定位、定向和导航，并可为乘员提供精确、连续的位置和速度信息，帮助战斗人员保持其安全性。通过该系统可向部队跟踪系统提供精确的定位数据，从而极大地增强了部队对战场环境的感知能力。此时导航系统的功能主要是：为远处的目标定位、目标捕获、武器和传感器定向等提供连续、自主、精确的位置和定向信息。这种系统主要供战术军车如主战坦克、陆军战车和带装甲的部队运输车辆所用。一种称为"战术先进陆地惯性导航仪"的新型导航和定向系统已被美陆军选用于"布雷得利"战车和 M1A2 "阿布拉姆斯"坦克。图 4.32 给出了这两种战车的照片。

（a）　　　　　　　　　　　　　　　　　　（b）

图 4.32　装备有惯性导航系统的战车

（a）装备有惯性导航系统的 A3 型"布雷得利"步兵战车（图片来源：http://mil. news. sina. com. cn/2006 - 04 - 20/2335365227. html）；（b）配备自主导航系统的 M1A2"阿布拉姆斯"主战坦克（图片来源：http://news. sina. com. cn/w/2002 - 12 - 09/0139833946. html）

在陆地战场上，高速机动作战的场合和作战行动的透明度加大，单靠步兵两条腿、两只眼的侦察行动已不能适应快速变化的战场节奏，为此，装甲侦察突击车开始驰骋在战场上。这种车属特种作战车，有高度的机动性、较强的火力和良好的装甲防护力，比起同等吨位的装甲车辆火力要强大，完全能够胜任机动作战的需要。这种车辆配备有导航装置，目前通常用的是惯性/GPS 组合导航系统，以便使战斗车辆在复杂的前线环境下能做到在迅速推进的同时完成自身的准确定位，或者在敌占区执行任务时不会迷失方向，并随时向上级报告自己所在的位置。M3 型"布雷得利"就是这种装甲侦察车。

在战场上广泛、适时地实施机动是陆战的一项基本原则，也是灵活运用战斗力的一个重要战术。机动不仅要求火炮伴随部队运动作战，还要能在战场上频繁变换发射阵地，即"打了就跑，停下来就打"，这些作战需求就是自行火炮产生的背景。显然，在战斗实施过程中，怎样随时精确地知道自身所在的位置和方位，即如何解决导航、定位和定向的问题，是自行火炮遇到的一项关键技术难题。惯性技术的发展为炮兵机动作战提供了强有力的技术支撑和技术保障。现在可以说，是否拥有先进的陆用惯性导航系统，已成为衡量信息时代陆军现代化程度的一项重要指标。美国陆军的"帕拉丁"自行榴弹炮配置了激光陀螺捷联惯性导航系统，使它在运动状态中一旦接到命令，60 秒内即可发射第一发炮弹；打完 3~6 发弹后，在敌方反击火力到达之前，马上转移到 300 米外的一个新发射阵地。图 4.33 为正在射击中的 155 毫米"帕拉丁"自行榴弹炮。

图 4.33　正在射击中的 155 毫米"帕拉丁"自行榴弹炮

（图片来源：http://polebrani.ru/abyss/）

目前国际先进陆用压制武器系统通常将捷联惯性导航系统安装在火炮摇架上，实时反映火炮身管在地理坐标系下的姿态与方位，并与火控单元相连，实现火炮射向保持和自动复位等功能，增强了陆用压制武器系统的快速反应能力和精确打击能力，但是这对惯性导航系统的抗冲击、抗振动能力提出了严苛的要求。图 4.34 所示的法国凯撒车载火炮就是采用这种安装方式。

图 4.34　法国凯撒车载火炮

（图片来源：http://blog.qq.com/qzone/536263797/1339597175.htm）

在现代战争中，制空权对战争的胜负具有决定性作用。高炮是防空体系中的重要支柱，它与飞机、防空导弹等武器有机结合，构成全空域、多方位的防空火力。现代高炮主要用于同各种飞机（包括直升机、无人机等空中目标）作战，必要时也可拦截巡航导弹，攻击坦克等地面装甲目标和小型水面舰艇。根据机动方式不同，可分为牵引式高炮和自行式高炮两种。自行式高炮可实现行进间射击，为克服行进中车体剧烈振动和颠簸带来的对目标难以进行精确瞄准和跟踪的问题，炮车上装有一套惯性姿态基准装置，以便在车体上建立水平和方位基准。另外，还由寻北仪提供北向方位基准。

最后，让我们来了解惯性技术在现代炮兵革命化进程中所起的推动作用。地面部队，尤其是机械化步兵，经常要求火力支援，而承担地面间接火力支援的炮兵的一项重要任务是：必须向所有需要帮助的地面部队提供间接火力支援，同时经受得住敌人的反击。为此，炮兵连必须具备以下两种能力，即

- 快速变动发射位置的能力，以避免敌方的反击；
- 运动到以前未测量过的前线位置的能力，以便及时为前线部队提供有效的火力支援。

由于炮兵要求位置和方位信息来实施有效发射，在他们的测量过程中，必须等待测绘小组提供位置和方位信息。然而，现有的测绘小组及他们的设备都很难实现快速测绘，这种快速测绘必定是在动态的战场环境下进行的。如果在火力支援的情报来源上使用惯性导航系统，测绘的重负可能会有所减轻。例如，装备有惯性导航系统的榴弹炮可直接知道自己炮管的位置和方位，而不需要外部的测量支持，这就为指挥员提供了多种选择性和灵活性，诸如有效发射并迅速撤离的战术、采用不同榴弹炮的同时采用非常规的炮连队形攻击不同目标的战术等。

图 4.35 是一种快速和精确的战术炮兵测量系统，它把光纤陀螺惯性导航系统技术与一种高性能的经纬仪结合在一起，可安装在高机动的战车上进行快速、动态的测量。依靠其中的惯性导航系统，还能获得车辆的倾斜、俯仰和航向角。由于所有野战炮兵部队都要求提供精确的位置和方位信息，因而这种新型炮兵测量系统受到很大的欢迎，它不但能够提供超过现代测量的精度要求，同时可提供动态、快速的工作能力，满足了 21 世纪战场的要求。

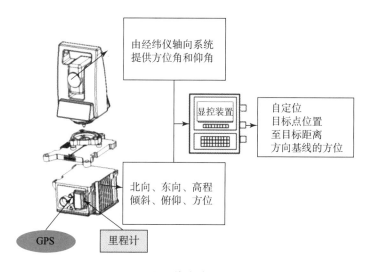

由经纬仪轴向系统
提供方位角和仰角

显控装置

自定位
目标点位置
至目标距离
方向基线的方位

北向、东向、高程
倾斜、俯仰、方位

GPS

里程计

图 4.35　新型战术炮兵测量系统

（图片来源：http://www.hkmo.org.tr/resimler/ekler/6f84c02e2a54908_ek.pdf）

4.1.7　惯性技术使常规弹药变成了制导弹药

弹药是武器系统的核心部分，也是杀伤敌方有生力量的主要手段。随着新型惯性器件等传感器、微电子和信息处理等技术的发展，弹药技术也得到了迅猛发展，一批新型的智能弹药如雨后春笋般地出现了。所谓智能弹药，是指弹药经火炮发射后，在飞行中能自主搜索和探测目标、自动识别和跟踪目标并最后直接攻击目标。按俗话来说，智能弹药就是"长眼睛的常规弹药"。

根据制导方式的不同，制导弹药可分为两大类：一类是采用终端制导系统，如半主动激光导引头；另一类是依赖 GPS、惯性来修正飞行中的轨迹。后一种方式是在一个略大于通常要求的距离上发射炮弹，并将这发炮弹引导至它的目标处。目前只有正在服役的加农炮发射的制导炮弹是采用终端制导系统的，而包括"神剑"在内的航向修正炮弹等大多采用 GPS、惯性制导。

惯性技术与 GPS 一体化是实现常规弹药制导化的关键。如美陆军多管火箭发射系统（MLRS），曾经在海湾战争中发挥巨大作用，大约 20 000 枚 MLRS 火箭被用来针对伊拉克，因每枚火箭携带 644 个可杀伤人员和摧毁作战物资的小炸弹，故人们给这种武器起的绰号为"钢雨"。为了在增程后提高 MLRS 火箭的杀伤精度，采用的方案是在火箭头部增加了具有低成本 GPS 增强的惯性制导组件（图 4.36（a）），从而使其变为制导型多管火箭发射系统（GMLRS）。该系统开始采用的核心惯性元件是激光陀螺，后来改为 MEMS 陀螺。目前，这种火箭弹的最大射程已超过 70 千米，精度却保持在 10 米以内。从作战效能看，GMLRS 将使摧毁目标所需的火箭数量至少减少到原来的 1/8（这与目标类型和射程有关），并可使每次杀伤的成本减少到原来的 1/5。图 4.36（b）为正在发射中的制导型多管火箭发射系统。

（a）　　　　　　　　　　　　（b）

图 4.36　制导型多管火箭

（a）装有惯性制导组件的火箭头部；（b）发射中的制导型多管火箭

（图片来源：http://mil. news. sina. com. cn/pc/2004－03－29/29/971. html）

美陆军历时 15 年、耗资 10 亿美元研发的新式"神剑"智能炮弹，于 2006 年秋季正式装备驻伊拉克的美军部队。该型炮弹应用了大量尖端的军事技术，被认为是"可以想象的终极陆军武器"。这种智能炮弹是炮弹与导弹的"混血儿"，它像普通炮弹那样由火炮发射，却又像导弹那样捕捉和跟踪目标。采用惯性、GPS 制导的"神剑"炮弹可为部队提供前所未有的战术灵活性，它可以上下、左右地改变飞行路径以到达目标。发射这种弹药的火炮可以在树林里、隐蔽地域、高层建筑或悬崖后面实施打击，并适于摧毁人口稠密地区的点目标。

这种新型的制导弹药是一种"发射后不管"的制导炮弹，带有一种抗干扰的 GPS 接收机和一个惯性制导封装件，这种制导装置能使炮弹以 GPS 精度飞向预编程的、取决于射程的群射弹着点。"神剑"炮弹采用的是一种非弹道的飞行路径，它可为野战炮兵提供改进的火力支援，并具有极高的命中率，即在 50 千米的射程内弹着精度高达 10 米（CEP），这种高精度是其他任何现有炮弹所不能达到的。当打击相同目标时，"神剑"的作战效能是普通炮弹的近 50 倍。例如，为毁伤 20 米 ×20 米的一个结构目标，传统榴弹需要 147 发，而"神剑"仅需 3 发。图 4.37 为"神剑"制导炮弹工作概念图解。

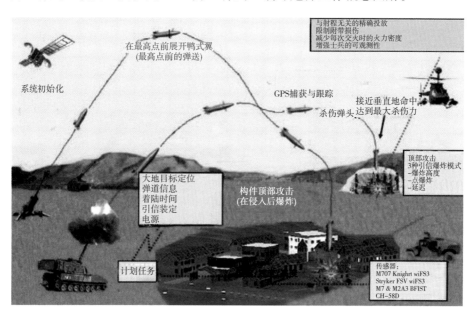

图 4.37　"神剑"制导炮弹工作概念图解

（图片来源：http://www.dtic.mil/ndia/2008gun_ missile/6483KurtzWilliam.pdf）

　　传统的惯性传感器对陆军应用来说都太贵，并且也无法承受高过载的发射环境。但近几年来，通过大力开发基于 MEMS 技术的惯性导航系统，已使惯性传感器（包括陀螺和加速度计）成本大为降低、尺寸减小，并具有抗高发射过载（即高 g）的能力，从而为小型导弹和弹药的导航、制导和控制系统找到了理想的传感器。加之采用 GPS 来修正惯性导航系统以限制其误差增长的办法十分有效，因此，在一些不很精确的军用惯性导航系统中，用 GPS 进行辅助已成为一种切实可行的方案。最终，以 GPS 辅助 MEMS 惯性导航系统的方案成为将常规弹药改造为"智能"弹药的一种技术基础。

　　由于 MEMS 惯性制导系统显著降低了精确投放弹药的成本，并把精确投放的能力扩展到炮兵弹药，从而可减少炮兵 30% 的弹药数量，同时满足炮兵部队 90% 的导航要求。因此，采用 MEMS 惯性和 GPS 制导的智能炮弹现已成为美国陆军和海军陆战队炮兵武器中用途最为广泛的一种新型弹药，而且在增程情况下还可被用来控制未来战场。

4.1.8　惯性导航系统在未来信息化战争中仍不可替代

在高技术条件下的现代战争中，信息作为一种新的战斗力要素，与火力、机动力和防护力等战斗力要素紧密结合，使传统的大规模使用火力杀伤的战争，变成更多依靠信息加火力实施精确打击的战争（表4.3）。现代战争已由陆地、海洋、空中的三维空间，扩展为陆、海、空、天、电多维空间；部队的战略机动能力、远程打击能力和情报侦察能力显著增强；前线与后方、进攻与防御的界线模糊；战争的相关空间即战争部署和作战行动涉及的空间大大扩展。惯性导航是立足于加速度、角速度测量的一种现代航位推算导航定位系统，具有完全的自主性和隐蔽性强以及输出导航参数全面等优点，使其在未来的信息化战争中仍然拥有不可替代的地位。

表 4.3　正在出现的军事能力

高水平的状态感知	追踪友邻部队
	增强的网络中心战
	分布式传感器/合成孔径
	减小误伤率
	敌我识别
	增强的协同作战
	反地雷战
	后勤跟踪
	培训设备（标记牌）
	搜索和救援
在城区、室内和地下隐蔽环境中作战	在城区地形、室内和岩洞中导航
	攻击性机动（如在树木遮掩下飞行）
	单兵和特种部队的导航

无人导航（无人应用/ 兵力倍增）	伞兵空降
	微型/小型无人自主系统（如智能昆虫）
	无人后勤车辆
	水下运载器
武器有效性（瞄准/ 引导/目标定位）	智能弹药
	精确瞄准（定位）
	减少附带损伤
	增强炮兵作战效能（弹道调整、密集队形）
	每发必中

MEMS 技术是武器装备信息化改造的支撑技术，它能够提高武器系统的精确打击能力，推动武器系统的信息化改造，还可孵化出新一代的微型武器装备，甚至影响未来战争的形态。

早在 1992 年，《美国国家关键技术计划》就把"微米和纳米级制造技术"列为"在经济繁荣和国防安全两方面都至关重要的技术"，到 1996 年，美国防部发布报告指出："MEMS 是冷战后开发的第一项技术，现在没有一项国防技术是可以独立于商业市场的，而 MEMS 具有明显的两用特性，以 MEMS 技术为代表的微米纳米技术是军民两用技术的典范。"

目前，世界上 MEMS 产品的种类已达 180 种以上，而其中的由硅微陀螺、硅微加速度计和硅微惯性系统组成的 MEMS 惯性传感器及系统是 MEMS 技术中难度最大，投入最大，发展也非常迅速的一个分支，这主要得益于它是一项关键的军用技术。微型惯性测量装置主要用于各种战术武器的精确制导，此外，还可用于飞机/导弹的飞机控制、姿态控制、偏航阻尼控制及导弹导引头/光学瞄准定位的稳定和控制，以及飞机座舱仪表和试飞仪表的智能化等，更是微型无人航空器和士兵导航定位主要装置。图 4.38 显示出 MEMS 惯性组合加快了战术武器制导化进程。到 2015 年，美军 90% 的战术导弹将装备以 MEMS 为基础的惯性制导设备，足见惯性 MEMS 技术在推进战术武器制导化进程中所发挥的重要作用。

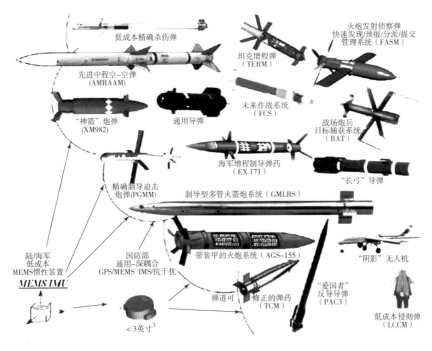

图4.38　MEMS惯性组合加快了战术武器制导化进程

🌀 4.2　惯性技术在经济建设中的贡献

　　惯性技术是一项军民两用技术，由于它拥有明显的军用特性，故而其发展一直受到军事需求的驱动，并成为一项特别敏感的军用技术。

　　但是，随着惯性器件和系统成本的降低，它们在商业领域中的应用机会正在大大增加，如照相机的稳定就类似于武器瞄准具的稳定，汽车驾驶中的稳定性控制就类似于炮塔的稳定性控制等。

　　20世纪80年代初，出现了新型的微机械惯性仪表，它给军事领域的应用带来了不可估量的影响；同时，随着MEMS惯性产品的问世，惯性技术开始被引进商业、医用、汽车、消费品及室内导航等广泛的民用领域中。下面重点介绍惯性技术在经济建设的种种贡献。

4.2.1　惯性技术在空间技术发展中发挥关键支撑作用

　　目前，许多科技发达的国家都投入了大量的人力、物力发展空间技术，先后发射了几千颗距地面不同高度、不同环绕地球周期、不同倾角和轨道形式的人造地球卫星，用于科学研究、气象预报、通信、导航、资源调查、环境和自然灾害的探测与预防及军事侦察等不同用途。惯性技术在空间技术发展中发挥着关键的支撑作用。在各类航天器的设计和运行中，广泛应用了惯性技术；特别是在航天器的姿态控制中，惯性仪表更是功不可没；在飞船返回地面过程中，关键参数均要由惯性导航系统来提供。总之，惯性导航系统和惯性仪表为航天器的发射升空、入轨/变轨、轨道运行，直至安全重返地球，提供了不可或缺的全程保驾护航。各类空间飞行器要成功地入轨、定点，完成各类研究、观测以及空间对接、返回等任务，都必须有精确的飞行控制和姿态控制系统。根据惯性导航、惯性测量系统检测的飞船位置、速度、航向、姿态等飞行器运动信息，对控制系统的执行机构发出控制指令，使航天飞行器准确地沿预定轨道飞行，完成预定的任务。

第 1 章介绍了我国的"神舟"系列宇宙飞船计划及"嫦娥"探月工程，现在再来看看用于通信广播的静止卫星发射入轨定点的过程。通信卫星搭载在有巨大推力的多级火箭上。火箭点火，垂直升高，火箭上装载的惯性导航系统准确地指示出火箭的位置、速度、航向和水平姿态，控制火箭沿预定轨道飞行，实时检测偏差来控制改变火箭发动机喷管的方向，从而调整火箭的运动状态。火箭加速飞行达到一定速度，在预定的位置，火箭与卫星分离。卫星进入围绕地球的椭圆形的精确轨道，完成了卫星发射的第一阶段的任务。卫星上有变轨的发动机，当卫星运行到椭圆形轨道的预定变轨点时，启动卫星上的发动机，卫星就改变轨道进入与地球旋转同步的轨道，最后在地球的赤道上空完成定点。因为卫星飞行和地球旋转的周期是一样的，在地球上看卫星好像是静止不动的。在这第二阶段的变轨定点飞行中，卫星要根据惯性导航系统调整好姿态，准确控制好卫星推力的速度矢量，即加速卫星的速度大小和方向，卫星才能准确变轨定点。卫星进入定点位置后，再次调整好姿态，第一级火箭脱线对准地球。卫星发射变轨定点成功，卫星开始为通信广播服务。卫星上的惯性导航系统继续长期稳定工作，随时发现和克服天体引力等因素对卫星的干扰，始终稳定卫星的准确姿态，保证卫星的正常工作。

在卫星发射入轨、定点运行的全过程中，惯性导航系统任何微小的故障和差错，都可能造成发射失败。运载火箭上的惯性平台倒了，就失去了垂线的基准，火箭将坠地爆炸。飞行中任何微小的差错都将使火箭偏离预定轨道进入茫茫太空。卫星上的惯性导航系统的误差，将使卫星变轨失败，无法准确定点，无法使电池帆板对准太阳，无法使天线对准地球。由此可见，惯性导航系统是空间技术发展的关键支撑技术。

4.2.2　机器人与惯性技术

惯性技术也是机器人的关键技术之一。机器人不同于一般的机械装置和设备，它能前后左右，或快或慢地运动，它能沿壁爬高，会上下楼梯。机器人要运动自如，就要有一套非常精确的运动控制系统。根据机器人作业对象的不同，机器人的手臂可以模仿人类做各种动作。同时，要实现动作准确、平稳、合理，就要有一套机器人各种关节的运动姿态控制系统。机器人为了进行某种特定的作业，需要控制它的手臂做相应的各种十分复杂的精确动作。有的关节比人体的关节更复杂，若要手臂各关节的转动合理、平稳、准确到位，就要精确地进行运动规划，由机器人的"大脑"发出指令，执行机构驱动关节运动。这就要求传感器准确地测量出各关节转动角度的大小、转动角速度的大小以及转动角加速度的大小，把感知的运动信号反馈到"大脑"中，对机器人的一举一动进行判断，不断修正"指令"，完成预定的作业。图4.39 为能够跳舞和表演刀术的机器人。

（a）　　　　　　　　　　　　　　　　（b）

图 4.39　机器人

（a）会跳舞的机器人（图片来源：http://news. xinhuanet. com/tech/2009 – 01/21/content_
10695558. htm）；（b）"汇童"仿人机器人表演刀术（图片来源：http://amuseum. cdstm. cn/
AMuseum/robot/cont2_ 2c7. html）

一个复杂的机器人可能有多达几十个甚至上百个关节，每个关节都要有元件来检测其运动状态，这就需要大量的传感器。陀螺仪、加速度计等是重要的敏感元件。特别是在新型的微机电系统技术发展下新研制出来的硅微陀螺仪和硅微加速度计，将是机器人运动和姿态控制最理想的元件。

4.2.3　惯性技术在现代交通运输中大显身手

各类惯性仪表在各种运载器中的作用前文已做了大量介绍，先进的惯性仪表更使各种高速交通运输工具可以全天候地、不受环境条件影响地、全球跨度地、安全快捷地为旅客提供最好的服务。

远程飞行的民航客机和越洋航行的船舶都要安装惯性导航系统。惯性导航定位是民航飞机远程飞行的重要保证。多年来，民航飞机一直以无线电装置作为其主要导航手段，但主要局限于区域导航。自20世纪60年代进入喷气式飞机时代后，远程飞行尤其是跨洋飞行成为可能，因而对远距导航的要求与日俱增。现在，大到宽机身超声速客机，小到轻型飞机，几乎无不装备惯性导航系统，从而为飞机的跨洋、全天候、精确飞行提供了可靠的导航能力。图4.40为两种最新型的民航客机，它们都安装有先进的惯性导航系统。

（a）　　　　　　　　　　　　　　　　（b）

图 4.40　民航客机

（a）空客 A380（图片来源：http://m. guancha. cn/Science/2013_ 03_ 01_ 129127）；

（b）大型客机"梦幻"波音 – 787（图片来源：http://johnalex. net/work30. html）

大型民航机通常装有三套惯性导航系统，以余度形式提高使用的可靠性和安全性。在民航客机上采用的惯性导航系统见证了飞机惯性导航系统的发展史。例如，早期的波音 – 747 客机采用一种称为"轮盘木马Ⅳ"的机械、模拟式惯性导航系统，该系统采用了类似速率旋转平台的技术，从而显著提

神奇的惯性世界

高了惯性导航系统的精度，这是将调制技术用来改善系统精度的首次尝试，而且获得了成功。20 世纪 80 年代，以激光陀螺为核心的捷联惯性导航系统刚刚问世，即被当时新研制的波音－757 飞机所采用，树立了激光陀螺惯性导航系统走向实用的里程碑。到 20 世纪 90 年代，新的波音－777 又用组合式故障容错－大气数据惯性基准系统（FT－ADIRS）代替了原来的系统，大量成功的使用经验表明，FT－ADIRS 在技术和经济两个方面都是一个偏离常规做法的大胆行动。2006 年，世界上最新的大型宽机身客机 A380 正式投入航线运营，该飞机采用由惯性基准装置、GPS、大气数据组成的组合导航系统，其中惯性装置由光纤陀螺和 MEMS 加速度计所组成，这里包含了两项突破性技术，即导航级光纤陀螺技术和 GPS 自主良好性监控技术。

　　无论是机载还是舰载，其上的惯性导航系统随时给出航行体的实时位置，指示航行的方向和速度，使航行体准确地按照预先计划好的航线安全、准时地到达目的地。一次航行中，不仅要有目的地，还要计划好航行中经过的航路点。在以惯性导航为主的导航系统中，出发前机长或船长把起始点、目的地以及沿路各航路点的地理坐标和到达时间装定到导航计算机中；航行过程中，导航系统将完全自动地控制航行体从一个航路点转到下一个航路点，最后到达预定目的地。在航行中，导航系统随时检测在风、气流、浪涌的影响下航行体偏离预定航线的情况，然后给出正确航向和到达下一航路点和目的地的距离以及航行的速度和需要的时间。

　　图 4.41 为旅游观光潜艇的照片。当你坐在水下观光潜艇上到神奇的海底

图 4.41　旅游观光潜艇

（图片来源：http://detail.1688.com/offer/825452733.html）

世界观赏千奇百怪的海洋景物和特殊的海底风景时，就得完全依靠惯性导航系统为你提供安全航行服务了。潜艇一潜入海底，没有地面目标可以作为定位的参照物，其他的天文、无线电、卫星等导航系统由于其信号无法入水或入水信号严重衰减等原因，在水下工作中也都无能为力了。

　　列车在铁轨上飞驶，火车轨道沿途有完善的各种信号、标志，火车司机往返于熟悉的行驶区段，惯性技术在发展铁路交通科技中还有作为吗？回答是肯定的，例如在铺设新的高速铁路、复杂线路的勘探测量、铁路隧道的掘进贯通等复杂工程建设过程中，惯性定位定向系统大有用武之地。路轨铺设完成后的平整及两轨的高低倾斜检测，将应用惯性技术，具体操作为：把检测仪器安装在专用检测车上，惯性仪表在车上建立起精确的稳定水平基准，车辆运行，路轨的倾斜、高低不平引起的振动都自动地显示出来并被记录，又准又快。另外，在列车提速、高铁和动车组的安全行驶方面，路况的好坏和轮—轨的作用关系更是安全的关键，尤其是在轨道的拐弯处更是需要严格控制的地方。图4.42为行驶中的动车组。通常来说，根据路轨左右的倾斜度，列车运行的速度需要相应地控制；列车经过道岔时的运动状态，即车辆的摆动及角速度大小需要检测，惯性仪表就是用来检测和记录下这些运动状态，进而自动控制列车的运行，并根据发现的问题及时维修线路。高速行驶的列车在经过弯道、岔口时会产生离心惯性力，巨大的颠簸会使旅客不由自主地被甩来甩去，既十分难受，又极易造成意外伤害。为了增加高速列车的安全性和舒适性，一般采取的措施是把列车的车厢通过一套摆动机构与列车的底盘相连接，其基本原理是，用高灵敏度的加速度计测出车体晃动的加速度，通过一套巧妙的控制机构，驱动车厢做相应的摆动，车厢倾斜产生的效

图4.42　行驶中的动车组

（图片来源：http://www.tieyou.com/zt_31）

应正好与惯性力产生的作用相互抵消，从而使旅客在车厢里感到既平稳又舒适。

图 4.43 显示了高速列车组的九大关键技术，其中，作为动车组"神经系统"的列车网络控制系统和动车组"心脏"的牵引控制系统均采用了惯性仪表及系统。总之，对于高速列车（简称高铁）而言，除了保证列车运营中达到每小时不低于 200~250 千米的速度标准外，在车辆、路轨和操作系统中都需做出相应的提升和改进，而惯性技术就是其中的一项关键技术。

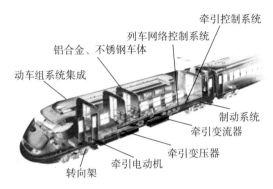

牵引控制系统
列车网络控制系统
铝合金、不锈钢车体
动车组系统集成
制动系统
牵引变流器
牵引变压器
牵引电动机
转向架

图 4.43　高速动车组九大关键技术

2007 年 1 月 28 日上午，一列"子弹头"列车从上海火车站缓缓驶出，坐在这列火车上的乘客见证了中国铁路发展史的一个新时代：我国第一辆自主知识产权的高速铁路列车正式投入运营，其最高时速达到 250 千米。

汽车在高速公路上行驶，清晰的行车标志处处可见，还要惯性技术来服务吗？特殊作业的一些车辆，如运钞车、巡逻车、森林消防等车上装有卫星导航接收机，配有电子地图，车上安装的屏幕清晰实时地显示出车辆行驶地图的街区道路的图形和车辆在道路上行驶的指令。往往这些配有卫星导航的车辆，也同时安装了由陀螺仪和加速度计组成的惯性导航系统。当车辆在隧道中穿行、通过立交桥下、在高楼林立的街道行驶、在森林中穿行、在崇山峻岭中跋涉时，卫星信号往往被遮挡而无法定位。一旦信号中断，就要等待重新捕获，有些特殊地区如森林、峡谷地带根本就接收不到卫星信号。有了惯性导航系统和卫星组合系统，就解决了特殊地区连续导航的难题。

图 4.44 为惯性技术在汽车安全领域的应用。汽车的安全保护是惯性技术发挥特殊作用的另一重要实例。高速行驶的汽车突然迎面与车辆或其他固定

物相撞，眼见惨剧将要发生，千钧一发之际，车上的保护气囊瞬间自动充气，在汽车乘员的头部、胸前形成一道保护屏障，保护了人身安全。自动启动安全气囊的敏感元件就是加速度计。惯性元件在意外的车祸中充当了生命的"保护神"。此外，车辆的防抱死系统（ABS）、电子稳定控制（ESC）及胎压监测（TPMS）等也离不开惯性技术。

（a）   （b）

图4.44   惯性技术在汽车安全领域的应用

（a）汽车安全气囊（图片来源：http://baike. sogou. com/h603408. htm; jsessionid =
E6FD6C96CF2FF72C2533231359235154. n2? sp = l50030922）；

（b）汽车防抱死系统 ABS（图片来源：http://baike. sogou. com/v7708910. htm）

从上述有关汽车应用的描述中引出一个新概念，即"智能运输系统"（ITS）。ITS 就是通过装备先进的电子信息和通信技术，对复杂的交通运输系统及其管理体制进行改造，从而形成一种信息化、智能化、社会化的新型现代交通系统。ITS 将人、路、车看作一个整体而进行综合考虑，是 21 世纪交通运输系统的重要发展方向。

ITS 涵盖的内容十分广泛，汽车电子是 ITS 技术的重要保障之一。先进车辆导航系统、车辆防抱死系统（ABS）、电子稳定系统（ESC）以及胎压监测（TPMS）等都属于汽车电子的范畴。而从惯性传感器的角度看，汽车电子是 MEMS 惯性传感器的一个巨大市场。随着用户对汽车的安全性、舒适性、燃料经济性等要求的不断提高，汽车上使用的 MEMS 传感器越来越多（图 4.45）。现在，具有防撞气囊（采用 MEMS 加速度计）和防侧滑控制系统（采用 MEMS 陀螺）的汽车一直在以每年 8% 的速率增加，装备传感器和电子设备将体现一辆小汽车大约 30% 的价值。

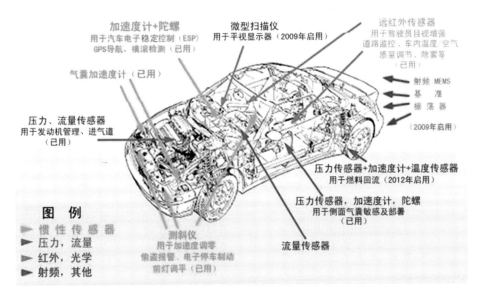

图 4.45　MEMS 传感器在小汽车上的应用

(图片来源：www.wtc‑consult.de)

4.2.4　在向地下及水下的进军中惯性技术功不可没

国土资源调查、道路勘测、城市规划、水利工程建设、环境治理及绿化工程等都要进行大地测量。惯性技术为大地测量提供了有效的手段。矿山巷道的开挖掘进、海底隧道的掘进和贯通以及矿产钻探等，都离不开惯性定位定向系统。以铁矿钻探为例，过去采用的以磁罗盘作为测孔定向元件的方法已行不通了，因为这类仪器在强磁性介质中，由于受到磁性干扰将会产生很大误差。即使在非磁性矿区，采用一般的钢质套管进行测量，装置本身的电气设备也会产生干扰，从而使磁罗盘中的磁针失灵，因此，在这种情况下，就需要采用陀螺测斜仪。另外，若需在城市建筑下面、河滩、海边以及水库周围进行钻探，也必须钻定向斜井。

海洋是一座巨大无比的宝库，是人类未来生存发展的重要场所。大洋资源、海底地形地貌、水文气象、海洋环境等的调查，海洋生物捕捞，海洋石油开发，海洋矿物资源开发，海洋工程建设等，都离不开测量与勘探，而它们又都与惯性技术紧密相关。图 4.46 为惯性技术在勘探领域的应用。

（a） （b）

图 4.46 惯性技术在勘探领域的应用

（a）深海钻井平台（图片来源：http://www.cnss.com.cn/html/2013/hyqy_ 0820/112454.html）；

（b）隧道挖掘（图片来源：http://www.kunz – gmbh.de/projektdetails.php？id＝65）

　　进入 20 世纪 70 年代以来，世界各国对石油资源的争夺日趋白热化，如何早出油、出好油已成为各产油国非常关心的问题，对钻井技术也就提出了更高的要求。近十年来，海洋石油开发进展迅猛，其中一个原因就是采用了定向钻进技术。所谓定向钻进，是一种使钻井沿其长度精确定向和定位的技术，这是一项关键技术。进入 20 世纪 90 年代以来，称为"井下控制工程学"的一门新兴交叉学科得到了大力发展，其中的井眼轨道自动导向控制系统就包含了定向钻进技术的内容。

　　20 世纪 70 年代初，测量较斜的钻进时，在仅有 2 000 米深的井孔中，井位的水平测量误差已达 30 米，因为当时采用的是常规钻进测量仪，如磁罗盘或精度不高的方位陀螺仪。这对于井斜不大的钻进，它们的横向位置测量误差约为井深的 1%；对于平均井斜为 45 度情况，测量误差为井深的 2% ~ 5%；当井斜大于 45 度时，测量误差将达井深的 10% ~ 20%。换言之，对于一个 1 000 米深的钻进，随着井斜的加大，位置测量误差可高达 100 ~ 200 米，显然这是不能容许的。

　　在所有的钻进中，海上工作的要求可能是最为精密的。例如，一个海上平台拥有 40 多口油井，两口井的中心间距约为 2 米，在下钻的第一个 1 000 米内要求井壁铅垂。目前的精度目标是，横向位置误差为井深的 0.1%。另外，在正在出油的油井旁钻进是经常的事，各个井孔不能出现相交，以防止切断正在出油的井，这就不仅要知道井孔的位置，还要控制其方向。

谈到石油钻井，不得不提到我国自行研制的 981 号海洋石油钻井平台，这是名副其实的海洋工程领域的"航空母舰"，是我国南海海域的一根"定海神针"。2012 年 5 月 9 日 9 时 38 分，981 号海洋石油钻井平台在我国南海预定海域首钻成功，标志我国海洋石油深水战略迈出了实质性的一步。

981 号海洋石油钻井平台自重 3.1 万吨，总高度 137 米（超过 45 层楼高），设计能力可抵御 200 年一遇的超强台风（相当于 17 级台风）。最大作业水深为 3 000 米，钻井深度达 1.0 万~1.2 万米（人类目前在陆地上钻探的最大深度不过 1.17 万米）。在它的 6 项"世界级"技术中，有两项可以看到惯性技术的应用。其一是首次应用 DP3 动力定位和锚泊定位的组合定位系统；其二是在平台关键部位首次系统地安装了传感器检测系统。所谓动力定位，即在依赖传感器精确测量、计算机精确计算的基础上，完成平台纵向、横向和艏向三个自由度的运动控制，然后依靠 8 个推进器的反作用力抵消风、浪、水流等对平台的反作用力，达到平衡定位的目的，而平台的艏向信号就来自陀螺罗经。安装传感器检测系统的目的，主要是研究平台的运动性能和关键结构的应力分布等问题，其中用到了惯性传感器。图 4.47 介绍了"海洋石油981 号"钻井平台。

图 4.47 我国"海洋石油 981 号"钻井平台

（图片来源：http：//baike. baidu. com/picture/8616117/8572833/0/
1f178a82b9014a9009ca761ba9773912b21beea4. html？fr = lemma&ct = single#aid = 0&pic
=42a98226cffc1e175c8a928c4a90f603738de952）

总的来说，陀螺测斜仪的技术难度较大，因为它要深入地下几千米，而且温度随地层深度而不断增高；不仅如此，几千米深的井孔内充满高压泥浆，测斜仪必须能经受几百个大气压力；再者，仪器的轮廓尺寸要比钻孔或钻杆的内径小，既要小型化，又要高精度，研制难度很大。但随着陀螺和加速度计技术的发展，惯性技术在油田、气田中的应用呈现稳定发展的趋势。

4.2.5　摄影、摄像及测绘中的惯性稳定平台

随着光电监视、跟踪、侦察系统使用要求的不断提高，对光学图像的稳定要求也日趋严格。图像不稳定的实质是摄像系统的光轴与目标之间有无效的相对运动，包括平移和角运动。

光学稳像的方法主要可分为利用折射元件、反射元件、结构光学元件作为调整元件的系统。在高精度的稳像系统上，仅仅依靠棱镜、反射镜或光楔等被动补偿所达到的稳定精度是无法满足要求的，反射镜单独使用的时候，由于2:1的光机偏转比，加上半角机构的误差，精度难以保证，这种稳定方法只能用于中低级精度的稳定系统中，更高精度的稳定系统可以通过平台式稳定方法来完成。图4.48为嵌入式机载摄影稳定平台。

图4.48　嵌入式机载摄影稳定平台

平台式稳定方式是通过惯性元件敏感载体的姿态角的变化，其输出信号经过放大后驱动电动机或压电陶瓷来保持摄像机或反射镜、棱镜以保证成像不变。根据消除稳定误差的方式，该稳定方式又分为一级稳定和二级稳定两类。

一级稳定技术中的整体稳定得到了广泛的应用，它是采用一个环架系统作为光电传感器的光学平台，在平台上放置陀螺来测量平台的运动，陀螺敏感姿态角的变化经过放大以后反馈给环架的力矩电动机，通过力矩电动机驱动平台，使光电传感器保持稳定。通常整体稳定的方法可分为双轴陀螺稳定平台、三轴陀螺稳定平台和四轴陀螺稳定平台。其中双轴陀螺稳定平台又分为两轴两环和两轴四环两类；由于两轴稳定平台固有的原理误差，它不可能完全隔离载体的扰动力矩，导致瞄准线围绕光轴旋转，当旋转速度较大时，会对图像像质造成严重影响。要完全隔离，需采用三轴陀螺稳定平台，还有一种方法是采用两轴四环的稳定平台，这两种方法在原理上可以完全隔离载体的扰动。两轴、三轴稳定技术在各国的机载侦察设备中得到了广泛的运用，以色列已经可以做到 15 μrad 的稳定精度。

　　InvenSense 是一家为消费类电子产品提供集成运动传感解决方案的公司，宾得公司已选定其 IDG - 1000 系列双轴陀螺仪（图 4.49（b））作为 Optio A30 相机（图 4.49（a））和下一代数码静态相机（DSC）模型的图像稳定器。基于 InvenSense 专有的 Nasiri 工艺专利，IDG - 1000 是一个集成的双轴线（X 轴和 Y 轴）解决方案，采用了成熟的硅微加工技术。该 IDG - 1000 是世界上第一台集成微机械陀螺，用来精确测量相机使用者的手晃动情况，利用宾得的减震（SR）技术进行补偿，以改善低光环境下的图像质量，满足了广泛和快速发展的数码相机图像稳定器的需要。图像稳定系统迅速成为静态数码相机的标准特点，并且成为消费者更换新型相机的一个关键因素。

（a）　　　　　　　　　　　（b）

图 4.49　惯性技术在相机中的应用

　　（a）Optio A30 相机（图片来源：http://dc.yesky.com/391/7635391.shtml）；

　　（b）IDG - 1000 系列双轴陀螺仪（图片来源：http://sales.dzsc.com/460123.html）

4.2.6　消费电子中的惯性技术

在人们快节奏的生活中，移动设备发挥着巨大的作用，甚至正在悄悄地改变人们的生活方式。如智能手机、平板电脑、无线通信、网络化办公、远程医疗等。这些移动设备给世界带来的震撼是空前的，而微型化、智能化MEMS 传感器的应用推进了这种改变，使得消费电子产品的发展呈现出由实用型向智能型的转变，"运动传感"的概念正深入人心。

MEMS 运动测量器件可以对各种运动进行测量，它们是最具有商业影响的 MEMS 器件，而其中 MEMS 陀螺和加速度计是产值最大的消费性 MEMS 器件，在消费电子产品中占有最大的市场份额。下面将详细介绍消费电子中的惯性技术应用。

◇**笔记本中的惯性技术**

自 2003 年起，IBM 在其所有的 ThinkPad 笔记本中集成了加速度计，推出了世界上第一个自动硬盘保护技术——IBM 活动保护系统。该系统利用加速度传感器判断硬盘是否剧烈震动、跌落，及时调整硬盘读写磁头到安全区，达到保护目的。

下面看一下该系统是如何工作的。笔记本从桌上意外坠落，经历静止、翻转、自由落体和撞击四个连续过程，静止和自由落体期间，加速度计 X、Y 或 Z 轴电压输出对时间导数平方和都很小，在翻转期间平方和却很大。利用这一特点可以判断翻转发生时刻，这种利用导数平方和判断坠落的方法称为微分加速度算法。这种算法的优点很明显，通过对翻转发生的检测，提前判断跌落的发生，使笔记本有更多时间采取保护措施。笔记本电路中安装一个双轴或三轴加速度计，对笔记本倾斜角度、震动、撞击进行检测，再用专用监控软件判断；若判断运动有害，会在不到半秒时间、发生撞击前，控制磁头快速回到安全区，保护硬盘数据；还可识别如车厢震动等规律性运动，以防影响正常使用。

目前，IBM、联想、东芝等主流笔记本安装了硬盘主动式保护系统，虽然加速度计芯片安装位置不同，有的在主板上，有的在硬盘排线上，但电路结构、工作原理基本相同。据统计，市场上大约 50% 的笔记本电脑安装有加速度计。

◇电子游戏中的惯性技术

如何让玩家更投入，让游戏更友好，已经成为电子游戏开发商追求的目标。随着相关技术的发展，电子游戏设备已进入操控体验时代。利用微惯性系统检测、捕捉、分析运动已成为消费电子和移动设备司空见惯的功能。有专家预言，三轴陀螺仪将成为未来游戏设备、便携设备、手持智能设备的标配，引领技术潮流。体积小、性能强、成本低的 MEMS 陀螺仪及 MEMS 加速度计正成为便携设备、游戏设备运动处理方案的首选，可很好地满足手机、PMP、MID、空中鼠标、游戏控制器、遥控器、电子玩具和便携导航设备对封装尺寸和旋转传感精度的要求。陀螺仪和加速度计能提供准确的惯性、反作用力、方位、速度和加速度等信号，利用这些特性，用户可在游戏中体验到更真实的感觉。例如，利用陀螺仪的定轴性，可在飞行游戏中控制姿态的同时，还能获得真实的滑行或飞行体验；利用陀螺仪的进动性，可在冲浪、滑板、球类等游戏中让你更有浪奔浪涌的操控体验。图 4.50 所示为惯性技术在电子游戏中的应用。

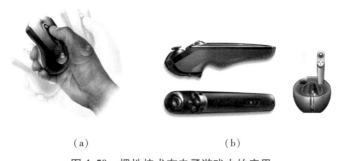

（a）   （b）

图 4.50　惯性技术在电子游戏中的应用

（a）Air Mouse（图片来源：http://mouse. zol. com. cn/109/1090673. html）；

（b）索尼游戏机手柄（图片来源：http://tech. feng. com/2013 − 01 − 12/The_ new_ patent_

reveals_ Sony_ somatosensory_ design_ 543697. shtml）

◇智能手机中的惯性技术

2010 年，美国苹果公司率先在 iPhone 4 智能手机中应用三轴陀螺仪，为该器件在手机等设备中的普及化应用吹响了号角，将为用户手机游戏以及定位服务等功能带来新花样，也标志着 MEMS 陀螺正式进入了手机这一全球最大的消费应用市场。将加速计、陀螺仪和磁感应计结合，并利用三者各自的优点，则可能彻底改变未来便携设备用户的操控体验，可使多种消费电子设备实现更强的运动跟踪功能，为用户提供更好的如临其境的现场感。

当加速度计和电子罗盘已成为智能手机的标准配置时，双轴陀螺仪开始被用于手机相机模块中的光学防抖系统（OIS）。现在，对于超过 800 万像素的摄像手机来说，OIS 已成为其决胜的关键。据国外媒体消息，美国苹果公司 2013 年获得了一项名为"运动学输入组合处理的方法和装置"的新专利，该技术很有可能应用于鼠标，未来的鼠标将很可能会加入现在在智能手机上应用很普遍的陀螺仪、加速度计以及其他类似的高级运动学传感器。加入这些传感器之后，鼠标则具备一些新的手势操作功能。例如，虽然移动鼠标时跟以前一样，屏幕上的指针也会向同一个方向移动，但是当你向两侧倾斜、晃动或者从桌面上拿起鼠标的时候，你就会发现不同。通过向左或向右倾斜鼠标，可以轻松地实现在不同的浏览器标签之间进行切换；通过将鼠标抬起几个毫米，就可以完成最大化窗口操作。当然，这些都仅仅是部分而已。最有趣的是，用户完全可以自主编制这些手势和快捷键，让鼠标在一些诸如 PhotoShop、视频游戏等比较复杂的程序中操作起来更方便。

4.2.7　医疗电子领域中的惯性技术

利用微惯性系统实现高精度运动捕捉，可以使许多潜在的医疗诊断和仪器应用受益。表 4.4 所列的各项医疗应用是在医疗电子领域使用的惯性传感器的例子，这些例子还仅仅是开始。

表 4.4　惯性传感器精确捕捉各种复杂运动

测量量	加速度/位置	倾斜	角速率/角度	传感器组合
应用	CPR 辅助设备	病人跌倒监护仪	扫描仪器	精密手术导航
	运动监护仪	卧床病人位置/呼吸	基本手术工具	远程诊断
	生物反馈监控	血压监测、成像设备	义肢	康复

在医疗电子应用领域中，生化 MEMS 技术及产品占据极大比重，其主要包含以下几方面内容：医疗健康诊断、便携式医疗诊断（移动健康检测）、运动信息检测以及其他应用。采用 MEMS 惯性传感器的应用主要在运动信息检测方面，图 4.51 描述了用 MEMS 惯性传感器可测量出人体全运动评估所需的

6 自由度运动信息。

图 4.51　MEMS 惯性传感器测量人体运动信息

通过这种功耗极低的紧凑的惯性传感器，人们可以精确监测出人体自身的运动能力，这对任何涉及运动及保健的应用都是有价值的。下面介绍 MEMS 惯性器件在医疗中的一些成功应用：

——将加速度计用于心脏起搏器，以监测病人运动和睡觉时的心率；

——将加速度计用于前庭补足装置，能捕捉平衡技能受到损伤的病人；

——利用硅微惯性器件进行假肢控制、大脑麻痹患者的运动稳定控制、麻痹病人的轮椅控制、运动员及健身者的身体运动监视等；

——利用硅微陀螺仪对癌症进行诊断和治疗，与常规的生物传感器相比，前者的探测速度要快得多，这是因为生物探测器需依赖于一系列的化学反应来确定结果，从而大大降低了检测的速度。

最后，惯性传感器和惯性系统还可应用于一些手术的导航，如用于全膝关节置换（TKA）的手术掌舵。为使人工膝关节或髋关节能够与病人独特的骨骼结构更精确地对准，其目标是让植入体与患者自然轴的对准误差小于 σ（σ 的物理意义是，当采用一台确定的仪器对同一个物理量进行 N 次重复测量时，表述该测量列随机误差的分散程度，σ 越小，说明该仪器的精密度越好），目前 95% 以上的 TKA 手术采用机械对准方法，这种对准方法的误差为 3σ 或更大。使用光学对准的计算机辅助方法已经开始取代一些机械程序，但可能由于设备开销较大，进展非常缓慢。但是，无论使用机械对准还是光学对准，这些手术中大约会有30%未对准的情况（产生3σ以上的误差），使病人感觉不舒服，常常需要进行额外的手术。当采用基于MEMS惯性传感器的完整多轴惯性测量装置后，TKA手术的精度得到显著改善，显然，降低对准误差可以减少对病人身体的介入、缩短手术时间、增强病人术后舒适感以及使关节置换效果更持久。

又如，Movea公司开发的小型惯性测量单元（IMU）采用MEMS三轴加速度计、陀螺仪和磁力仪传感器，可以帮助康复和健身活动实现高精度、无线9自由度测量。该公司现有的2.4 GHz无线传输MotionPod采用尺寸为33 mm × 22 mm × 15 mm、质量14 g的完全集成型印制电路板（PCB）模块。该模块的尺寸基本上与小手表相当，通过夹在带子上轻松地附在人体上，或者直接附在人体上。多个MotionPod形成的网络可以同时采集人体不同部位的信息，适用于性能分析和全身动作捕捉等应用。

总之，MEMS技术的出现正在给用于微创手术的手术器械带来一场革命性的变革，随着该技术的迅猛发展，使得将微传感器、微处理器、微执行器等集成在一个极小空间微型系统的实现成为可能。而这种系统正符合了医学领域中微创手术的发展对手术器的需求。这种基于MEMS技术的微型手术器从20世纪80年代末开始研究，现已成为国际科技界MEMS研究开发的热点和重要分支。

4.2.8 室内导航中的惯性技术

近年来出现了一个新名词——室内导航，顾名思义，就是要解决室内和地下空间的定位与导航问题。表4.5给出了需要实现无缝的室内、室外导航的场合。

表4.5 需要实现无缝的室内、室外导航的场合

室内	室外
住房、办公室、厂房	地面、海洋、空间
商品交易会、展览会、博览会	城区、郊区、农村
机场、铁路、站台	边远山区、山里
商业中心、博物馆	人员、货物、联运线路的跟踪
地铁隧道、地下停车场	紧急救援、医疗监测

在室内、室外导航应用中，"标签定位"作为一种位置感知系统近年来得到了开发和应用，其基本原理就是把加速度计等传感器做在芯片里，通过在监控中心屏幕上对它进行精确识别和跟踪来为物体定位，其典型应用是在博物馆里，当珍藏的物品被贴上标签定位后，它的一切运动就都处于网络的监控中。

在包括紧急救援、应急响应、灾难管理等公共安全领域内，个人用MEMS惯性装置也有用武之地。例如，近年来随着城市化趋势的加快，高楼的失火和救援问题日益严重。在执行搜救和搜寻任务时，消防队员自身的护具十分重要。因为在救火过程中，消防队员面临一种综合的威胁：严重的身体上和精神上的压力、有限的甚至完全没有的可视度、建筑物内未知的布局等，加上极度的灼热、有害气体的熏染、烟雾或其他有害气体的包围，这些情况都可能使消防队员迷失方向，把一场救援行动转换为一场灾难。能够为救援小组全体成员进行连续自主、动态的导航、定位的多传感器系统得到了开发，该系统中包含MEMS惯性装置，它们往往被安放在消防队员的鞋子里（图4.52）。这种装置稍加改造，还能成为盲人的"电子导航犬"。

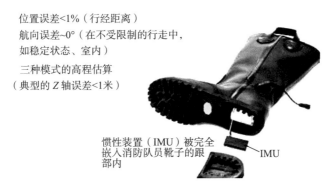

位置误差<1%（行经距离）
航向误差~0°（在不受限制的行走中，如稳定状态、室内）
三种模式的高程估算（典型的Z轴误差<1米）
惯性装置（IMU）被完全嵌入消防队员靴子的跟部内
IMU

图4.52 消防队员穿戴的靴子里安装有MEMS惯性装置

第5章　惯性技术的明天更灿烂

　　惯性技术是惯性器件、惯性测量、惯性稳定、惯性导航和惯性制导等相关技术的总称，主要研究惯性器件和惯性系统的理论、设计、制造、试验、应用及维护等广泛内容，涉及物理、数学、力学、光学、材料学、精密机械学、电子技术、计算机技术、控制技术、测试技术、仿真技术、加工制造及工艺技术等众多学科及工程领域，是典型的多学科交叉技术，被广泛应用于航空、航天、航海、陆地导航/制导及大地测量、隧道挖掘、地质勘探等特定领域，以及机器人、车辆、医疗设备及照相机、手机、电子游戏及玩具等新兴领域，总之，几乎所有敏感物体运动姿态和轨迹、实现自身定位和定向的过程都少不了惯性技术。

　　惯性技术从最初的原理探究到如今的大量产品研发和应用，经历了漫长的发展历程：17世纪，牛顿提出了力学三大定律，并成为惯性技术的基础；1852年，法国物理学家傅科发现了陀螺效应；1907年，德国科学家安休茨制造了第一个实用型陀螺；1905年，爱因斯坦提出相对论；1913年，法国科学家萨格奈克发现了Sagnac效应……直到20世纪80年代，激光陀螺、光纤陀螺相继实用化，各种新型惯性仪表陆续问世。惯性系统以自主、隐蔽、全天候、抗干扰的突出优点，在陆用、航空、航天、航海等领域普遍被采用。时至今日，惯性技术已发展了100多年，期间经历过许多激动人心的发展，从早期德国V-2导弹制导采用的原始电子机械装置，发展到现代交通工具采用的全固态导航装置，惯性技术和产品早已褪去神秘的面纱，在人们的生产和生活中得到普遍应用。仅以陀螺为例，就是从传统的浮子式陀螺发展到挠性陀螺、静电陀螺、激光陀螺、光纤陀螺、微机电陀螺等众多类型，见表5.1。

表 5.1　13 种陀螺分类表

陀螺类型	战略级	导航级	战术级	消费者级
单自由度液浮陀螺	√			
二自由度液浮陀螺	√			
干式调谐或动力调谐陀螺		√		
静电陀螺	√	√		
环形激光陀螺		√	√	
零闭锁激光陀螺		√		
干涉型光纤陀螺		√	√	
半球谐振陀螺		√	√	
石英调谐音叉陀螺			√	√
硅微振动陀螺				√
振动酒杯传感器				√
振动圆盘传感器				√
核磁共振陀螺				√

在军、民两类市场的引导下，本着"缩减成本、减小体积、满足需求"的原则，光纤陀螺和微机电陀螺正以其低廉的价格和广泛的适用性，成为惯性技术领域内非常活跃的两类产品，并引领着未来技术的发展方向。而从系统角度看，利用卫星、星光、景象、地形、重力、地磁等外部信息，实现以惯性为基础的多传感器的智能信息融合，是惯性系统发展的主要特点，它进一步提高了导航系统的精度，也使得惯性技术和产品在更多的领域得到应用和推广。

未来战争的需要和日益广泛的民用需求对惯性器件和系统都提出了挑战，集中体现在性能（精度、可靠性和稳定性）、环境适应性和体积成本等方面。下面从惯性器件技术和系统技术两方面简介惯性技术未来的发展。

5.1　发展新原理固态陀螺技术

在进入 21 世纪后，新技术的发展层出不穷。采用新技术的各种陀螺仪表更显现出竞争力，它们正在对传统的惯性传感器提出挑战。惯性传感技术未来发展及应用如图 5.1 所示，下面分别加以阐述。

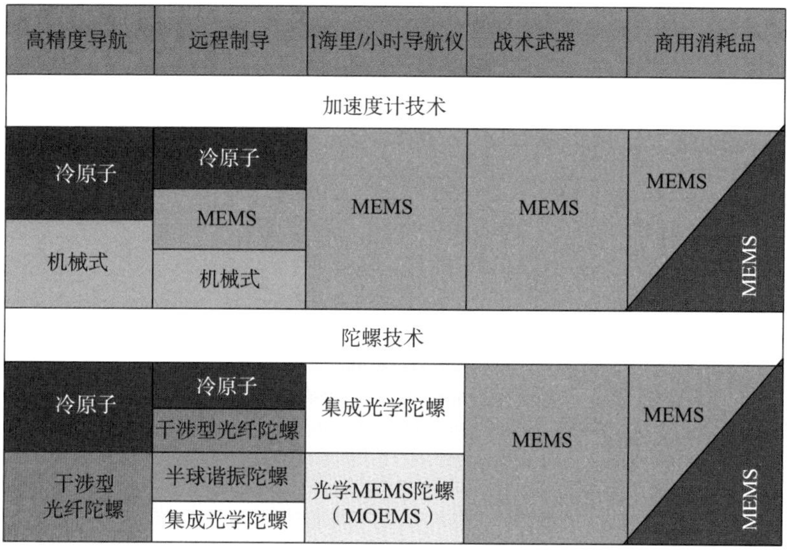

高精度导航	远程制导	1海里/小时导航仪	战术武器	商用消耗品
加速度计技术				
冷原子	冷原子	MEMS	MEMS	MEMS
	MEMS			
机械式	机械式			MEMS
陀螺技术				
冷原子	冷原子	集成光学陀螺	MEMS	MEMS
	干涉型光纤陀螺			
干涉型光纤陀螺	半球谐振陀螺	光学MEMS陀螺（MOEMS）		MEMS
	集成光学陀螺			

图 5.1 惯性传感器技术的未来应用

5.1.1 真正的芯片陀螺——集成光学陀螺

MEMS 和 FOG 代表了两种类型的惯性传感器，微机械陀螺根据哥氏效应的原理工作，可提供较小的尺寸，并能进行批量生产；基于 Sagnac 效应原理的 FOG，其优点是全固态、无源和可靠性高。

从原理上讲，通过在一个集成光学芯片上制作一个 FOG 光路就可使这两个特点结合在一起，这种装置被称为集成光学旋转传感器（IORS），或集成光学陀螺（IOG）。它是一种全光学的无源传感器，可进行批生产并具有稳健性。

集成光学陀螺（IOG）也称为芯片上的光学陀螺，是一种以光波导为基的 Sagnac 效应陀螺，在这种陀螺中，两束光沿着一个波导环形谐振器以相反方向行进（图 5.2），该谐振的相应位置是沿一个与环形谐振器平面正交的轴向的旋转速率的量测。图 5.3 是光纤陀螺（FOG）与集成光学陀螺（IOG）的比较。IOG 是在晶片上制造的，它把集成光学制造和 MEMS 制造的两个能力结合在了一起，特别是玻璃夹层，它是在集成光学制造实验室通过射频和活性溅射以及火焰水解沉积（FHD）进行生产的。波导的确定是用 MEMS 制造工艺来形成的，它采用了光刻和活性离子刻蚀（RIE）技术。

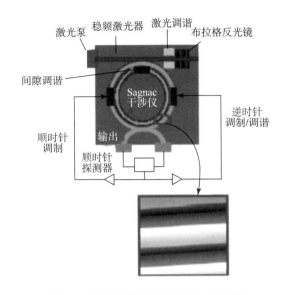

图 5.2　集成光学陀螺（IOG）原理图

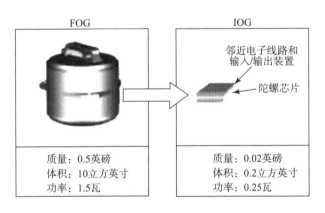

图 5.3　光纤陀螺（FOG）与集成光学陀螺（IOG）的比较

　　集成光学技术正在推动 FOG（无论是战术级还是战略级）中集成光学芯片的改进。目前，FOG 成本中的一大部分包含了采购连接各种各样光纤输出端的元件。而未来的平面光波电路（PLC）可代替 21 个这样的元件，从而可极大地减少 FOG 的成本。集成光学陀螺还有一个优势——对 g 不敏感。

　　尽管集成光学陀螺是一种有希望的陀螺结构，但它还没有达到相当于光纤陀螺的灵敏度。相信在不久的将来，它们会有几个数量级的性能改进、设计改进和较高程度的集成，使 MEMS 和集成光学陀螺将在低性能和中等性能领域内占有更加明显的优势。

5.1.2 光学 MEMS 传感器——MOEMS

微光机电惯性器件以光学原理和技术（如 Sagnac 效应）为基础，综合利用微制造技术、微机电技术、微光学技术等，是光机电一体的、微型化的、集成化的惯性测量器件。微光机电惯性器件综合了光学传感器与微型化技术的优点，具有明显的优势：

（1）与光纤陀螺、激光陀螺相比，微光机电陀螺体积更小，质量更轻；

（2）与 MEMS 陀螺相比，微光机电陀螺灵敏度更高，无运动部件，不需真空封装，而且动态响应范围大，抗电磁干扰能力强，可在一些恶劣环境下使用。

光学 MEMS 传感器（其缩写为 MOEMS）已研制多年，目标是提高微型惯性传感器的精度，以供高精度导航所用。但设计一种微光机电陀螺是很困难的，原因是它的小尺寸限制了它拥有足够长的光路，从而使它无法检测低旋转速率。

MOEMS 的开发很可能会引起惯性传感器性能上的进一步提高，由它组成的惯性系统甚至会使未来的导航技术发生革命，这主要是由于这种装置可提供真正的固态特性。也就是说，MOEMS 技术很可能被用于导航级惯性传感器，它将是一种真正的带有光学读出装置的固态微机械惯性传感器。

目前，一种干涉型 MOEMS 陀螺（MIG）由美国空军技术学院提出来。在这种开环装置中，干涉型光纤陀螺的概念与 MEMS 技术进行了结合。如图 5.4

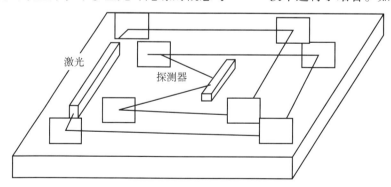

图 5.4　干涉型 MOEMS 陀螺（MIG）方案草图（竖立在拐角处的元件为反射镜）

所示，MEMS 反射镜被安放在一个硅衬底上，以便为来自外部的光建立一个螺旋形的路径。衬底上还放置有激光器，其位置在该模子的中心，干涉条纹在这里得到检测，反射镜的排列原则是使该装置的光路长度比标准的 Sagnac 干涉仪长。

光的传送是在自由空间中进行的，激光束仅仅与螺旋路径中位于拐角处的反射镜相互作用，以保持低损耗。MIG 与标准 Sagnac 干涉仪的不同之处在于，前者不是一个环形，而是一种螺旋形设计，其工作仅基于总的光路长度而不是光路的几何尺寸。最终结果也与光路几何尺寸无关，并被转换为一种相位差进行检测。

各种各样的光学信号拾取技术是 MOEMS 领域中目前重点研究的课题，包括提供低噪声和高分辨率的干涉法、截断来自二极管光束的衰减法等。光学读出的另一重要方面是光源及其探测器的安装和对准/调谐，尤其要考虑低成本安装和可维护性。

在谐振式 MOEMS 陀螺方面，国际上多个研究机构对不同材料上的无源环形波导谐振腔进行了研究，在有机聚合物、玻璃、铌酸锂和硅基片上的环形波导谐振腔已研制成功，具有代表性的是 Honeywell 公司的谐振式微型光学陀螺。在干涉式 MOEMS 陀螺方面，空间型 MIG 是新的发展方向之一，2000 年，美国空军研究所开发了 AFIT – MIG 陀螺，该陀螺利用空间微反射镜替代光纤环以缩小尺寸，减小损耗。

5.1.3　一种高精度惯性传感器——原子陀螺

进入 21 世纪以来，一种被称为原子干涉仪的惯性传感器技术被陆续报道，这种技术包括原子干涉陀螺、原子干涉加速度计和原子干涉重力梯度仪。美国军方认为，原子干涉技术是美国下一代的惯性技术。这是一种很有希望的、但尚处于初期阶段的技术，它是基于原子干涉原理来测量物体的惯性特性的，这种惯性传感器有时也被称作冷原子传感器或原子干涉仪装置。

所谓原子干涉测量法，即把一个原子叠加到两个或多个空间分离的原子上，如果它们被一起恢复，彼此之间就会出现干涉。通过采用原子干涉仪，可非常精确、非常稳定地测量旋转，从而用于测量惯性力、重力梯度及其旋转以及观察重力矢量的微小变化等。

所有的干涉陀螺都是基于 Sagnac 效应的，这种效应正比于干涉粒子的能量，原子陀螺也同样基于这一原理。图 5.5 显示了一种原子干涉仪的结构，这里涉及了采用微机械加工来设计和实现原子芯片的问题，原子云由硅平面上方的磁场悬浮，微反射镜被用作光学读出，它还把光纤综合到同一芯片上，以用作新型的调制技术。

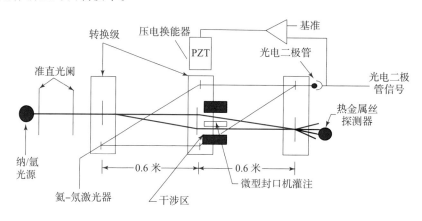

图 5.5　原子干涉仪原理方案图

如果上述装置被成功设计出来，伴随着获得精确的重力场知识，就有希望获得 10 米/小时以下的导航能力，同时，不必使用 GPS 或其他外部辅助技术。在这种系统中，加速度计还可测量重力梯度。这一潜力最终可能用作全部为加速度计（包括重力梯度仪）的惯性导航系统。与类似的光学陀螺相比，这种陀螺的灵敏度要比后者高出 10^{11} 倍。

进入 21 世纪以来，美国国防预研局（DARPA）和耶鲁大学、斯坦福大学、麻省理工学院（MIT）、亚里桑那大学等大学的一些研究小组进一步抓紧了原子干涉惯性传感器的研究工作。一种被称为空间物质波陀螺（SMW – G）的原子陀螺将被用来支持未来的空间任务。还有小组在进行用于潜艇导航的原子干涉惯性传感器的开发。众所周知，潜艇必须在潜入水中超过 90 天的一个周期内，保持导航精度为米级，而且还没有外部基准可参考，这肯定是对任何惯性传感器的一种严厉的考验。

5.2 发展新的系统技术，拓展应用领域

5.2.1 海洋地球物理场匹配辅助导航技术

我们生活在地球上，地球给我们提供了丰富的导航资源，除了惯性导航的参考信息——地球自转角速度 ω 外，还有地球磁场、重力场及地形地貌特征，这些都可以为导航提供参考和修正依据。随着对海洋资源的开发和利用的不断深入，对水下导航精度和可靠性的要求日益提高，由于常规的导航手段，如卫星导航、星光导航及无线电导航等，其信号在海水中传输时将会衰减；同时，核潜艇等水下运动体对隐蔽性的要求也使得这些导航手段不能应用，因此，必须采用新的方法和手段实现水下导航。海洋地球物理导航就是在这样的需求背景下被大力发展起来的，是发达国家正在大力发展的水下自主导航技术。

海洋地球物理导航就是利用海洋磁场、重力场、海洋深度或海底地形的时空分布特征，制作地球物理导航信标，实现水下精确定位的自主导航方法，它包括地球物理基准图、地球物理传感器和导航匹配算法三大组成部分，按照导航所依据的地球物理参数的不同，可分为海洋磁导航、重力导航、海深或海底地形导航，其基本思想是：先将预计航行的海域及其附近的地磁、重力、海深信息的时空分布特征存入载体的计算机中，航行器在航行过程中通过所载传感器采集其周围地球物理信息并与载体上计算机存储的信息相匹配，及时校正惯性导航系统的积累误差，从而连续、自主、隐蔽地获得载体的导航信息，将载体精确导航至预定海域。海洋地球物理导航可直接确定相对于基准参考坐标系的位置和速度，无须浮出水面或使用外部坐标，不需要来自地面的导航和通信信号，隐蔽性好，军事价值显著。

海洋地球物理导航的实现途径有三条：①匹配辅助惯性导航：海深匹配、地磁匹配、重力匹配以及上述匹配方法的组合；②充分发掘重力、地磁、海深或海底地形各种资源的特殊性，如地磁可测定航向，精确的重力信息可改善惯性导航系统的力学编排等，提高自主导航精度；③在缺乏基准图的海域采用制图同步定位技术导航。

5.2.2 旋转捷联式惯性导航系统技术

惯性导航系统的精度主要取决于惯性器件的漂移。从工艺上提高惯性器件的精度，存在技术难度大、周期长、成本高等问题，而且也不能超越现阶段实现的可能。因此，在现有惯性器件精度水平下，采用补偿惯性器件误差的方法来进一步提高惯性导航系统的性能，是实现更高导航精度的一条现实途径。惯性器件的补偿方法有两种：一种是采用高精度的漂移误差补偿软件，另一种是采用系统的翻转或旋转补偿方法。第二种方法就是将惯性器件或IMU外加旋转和控制机构，利用翻转或者旋转来平均掉惯性器件漂移对导航精度的影响，其基本原理是不依靠外界因素，将惯性器件的常值漂移调制成周期变化的量，经过惯性导航系统中的积分运算环节后得以抵消，以此提高惯性导航系统的长时间导航能力。

最早采用旋转调制技术的是静电陀螺仪，它通过壳体翻滚来自动补偿与陀螺壳体相关的漂移误差力矩，这项技术对于保持静电陀螺仪长时间工作的精度十分有效和必要。后来美国、俄罗斯等国又尝试了机电陀螺的自动补偿研究，并取得了一定的效果。以上采用自动补偿技术的传统陀螺仪的惯性导航系统，翻转或者旋转的目的都是消除或者平均掉陀螺转子的有害干扰力矩，从而保证陀螺仪的转子在空间的位置更加精确，有效地减小了陀螺漂移，提高了单个惯性器件的精度，相应的惯性导航系统的精度也得到了提高。但它们实际上依然属于平台式惯性导航系统，具有平台式惯性导航系统的所有优点和缺点，并且技术复杂，实现难度较大。

自从光学陀螺（激光陀螺、光纤陀螺）出现以后，在旋转自动补偿技术和捷联式惯性导航技术的基础上出现了一种新型的惯性导航系统，即旋转捷联式惯性导航系统（简称旋转捷联式惯性导航系统）。它具有与传统平台系统类似的框架和转轴，但没有稳定的平台。简而言之，这类惯性导航系统相当于在捷联式惯性导航系统的外面加上转动机构和测角装置（旋转变压器、光栅等），导航解算采用捷联算法，这样导航计算出来的依然是载体的位置和速度信息，而导航直接计算出来的姿态信息只是IMU的姿态，这时候需要加上IMU相对于载体的转动角度（由测角装置实时测量获得），就得到了载体的姿态信息。其中转动机构还可以用来隔离外界的角运动，以保持IMU处于地理坐标系中一个预先设定的方位，从而取得更好的导航结果。

旋转调制式惯性导航原理简单，但实现方案很多。从旋转轴来分，可分为单轴旋转调制、双轴旋转调制等方案。

从旋转级别来看，可分为系统级旋转调制和器件级旋转调制。系统级旋转调制即整个惯性导航系统或 IMU 作为一个整体来旋转，优点是工程实现简单，惯性器件正交性容易保证。美国典型的旋转调制激光捷联式惯性导航系统 MK39mod3C、MK49 和 AN/WSN － 7 系列均采用系统级旋转调制方案。而器件级旋转调制即惯性器件单独进行壳体翻转，存在的问题是惯性器件单独进行壳体翻转时正交性难以保证。美国德尔克公司轮盘木马 C － Ⅳ 可称为一种器件级的旋转调制方案，且只是水平陀螺绕竖直轴旋转，而天向陀螺没有旋转。

只要地球存在，惯性技术就存在。从以上技术发展的分析来看，随着惯性器件小型化、高精度、低成本进程的推进，惯性系统的应用领域将不断拓展，惯性技术的明天更灿烂。

参 考 文 献

［1］丁衡高．海陆空体显神威－惯性技术纵横谈［M］．北京：清华大学出版社，2000．

［2］黄德鸣．神奇的指路魔杖［M］．济南：山东教育出版社，2001．

［3］邓志红，付梦印，等．惯性器件与惯性导航系统［M］．北京：科学出版社，2012．

［4］杨立溪．惯性技术手册［M］．北京：中国宇航出版社，2013．